Giftpilze

Giftpilze

Text von J. Baier
Illustrationen von B. Vančura

Werner Dausien • Hanau

WARNUNG!
Giftpilze können lebensgefährlich sein!
In allen Zweifelsfällen ist unbedingt ein Pilzberater zu befragen.
Lieber einen Pilz wegwerfen als einen giftigen verzehren!

Giftpilze

Text von Dipl.-Ing. Jiří Baier
Illustrationen von Bohumil Vančura
Ins Deutsche übertragen von Dipl.-Ing. Peter Zieschang
Graphische Gestaltung von Josef Dvořák

VERLAG WERNER DAUSIEN • HANAU

ISBN 3-7684-2020-5
3/21/03/52-01

Inhalt

Einführung

Das Interesse an Pilzen reicht weit in die Frühzeit der Menschheitsentwicklung zurück. Neben den urzeitlichen Jägern gab es auch Sammler, die sich von verschiedenen Waldfrüchten, Wurzeln und anderen Pflanzenteilen ernährten. Natürlich zogen auch so auffällige Gebilde wie die fleischigen Fruchtkörper der Pilze die Aufmerksamkeit auf sich, besonders wenn sie in größeren Mengen auftraten. Der Mensch mußte lernen, eßbare und schmackhafte von ungenießbaren und giftigen Arten zu unterscheiden.

Es gibt nicht viele erhaltene Dokumente, die das Interesse des Menschen an Pilzen belegen. Sie sind auch über verschiedene Kontinente verstreut. Zu den ältesten gehören zum Beispiel Höhlenmalereien, die aus der jüngeren Steinzeit stammen. Die Malereien, die in den Höhlen der Tschuktschenhalbinsel in Sibirien erhalten geblieben sind, stellen menschliche Gestalten dar, über deren Köpfen sich schematisch dargestellte Fruchtkörper von Pilzen befinden. Es gibt verschieden Mutmaßungen über die Art dieser Pilze. Manche Fachleute nehmen an, daß es sich um Röhrenpilze handelt, andere bringen diese Bilder mit der kultischen Anwendung des Roten Fliegenpilzes im Gebiet der Beringstraße in Verbindung.

In altindischen Quellen wird die göttliche Droge Soma erwähnt. Der bekannte Ethnomykologe R. G. Wasson versuchte, sie näher zu beleuchten. Seinen Studien zufolge wird die Droge Soma vom bekannten Roten Fliegenpilz geliefert. Aus seinen Fruchtkörpern bereiteten die Priester für religiöse Zeremonien berauschende Getränke mit halluzinatorischer Wirkung zu. Diese Erklärung wird auch durch Beobachtungen an einigen ethnischen Gruppen auf Kamtschatka bekräftigt, die bis heute anstelle des Alkohols die berauschende Wirkung des Roten Fliegenpilzes nutzen.

Andere Informationen über die uralte kultische Verwendung von Pilzen gewann der französische Mykologe R. Heim in Mexiko. Um sich zu berauschen, essen dort noch heute die Angehörigen alter Indianerstämme Teonanacatl („Fleisch der Götter"), was nichts anderes ist als eine Art der Kahlköpfe. Die dortigen Schamanen verwendeten zum Beispiel die halluzinatorische Wirkung der Kahlköpfe bei der Voraussage der Zukunft.

Die ersten schriftlichen Angaben über Pilze finden wir im Werk des Aristotelesschülers Theophrastos (372–287 v. Chr.), wo die Pilze unter den Bezeichnungen „mykes" und „hydnom" angeführt werden. Auch der römische Gelehrte Plinius d. Ä. (23–79 n. Chr.) erwähnte Pilze und nannte sie „fungus", „suillus" und „boletus". Die Gelehrten des Altertums beschäftigten sich nicht nur mit den Beziehungen zwischen Pilzen und Menschen, sondern versuchten auch, die komplizierten Beziehungen zwischen Pilzen und Pflanzenreich zu klären. Theophrastos beobachtete wahrscheinlich schon die verwickelten Verhältnisse der Mykorrhiza zwischen einigen Pilzen und Bäumen, die in der zweiten Hälfte des 19. Jahrhunderts in den Entdeckungsstudien von B. Frank beschrieben wurden. Schon Plinius d. Ä. stellte fest, daß die meisten Pilze in Eichengehölzen wachsen.

Die Zeugnisse über die kulinarische Anwendung von Pilzen sind sehr spärlich. Es ist bekannt, daß der römische Kaiser Claudius ein großer Pilzliebhaber war. Der römische Dichter Martialis (40–104 n. Chr.), der durch seine satirischen Epigramme bekannt ist, schrieb von den Pilzen: „Es ist leicht, Silber, Gold, Gewänder und sogar den Mantel zu entbehren, aber nur schwer ein Gericht von Pilzen." Der griechische Dramatiker Euripides (etwa 480–406 v. Chr.) verlor durch eine Pilzvergiftung an einem Tag die Frau, die Tochter und zwei Söhne. Ein ähnliches Schicksal ereilte Papst Clemens VII., den römischen Kaiser Jovian, Karl VI. und andere Herrscher. Im Mittelalter waren Vergiftungen eine oft angewendete Methode zur Beseitigung politisch unbequemer Personen. Die giftigen Pilze spielten dabei eine bedeutende Rolle, denn diese Art der Vergiftung versprach nicht nur Straflosigkeit, man konnte nicht einmal die böse Absicht des Täters beweisen.

In den Ländern Ostasiens, in China, Japan und Birma werden schon seit Jahrtausenden verschiedene Speisepilze gezüchtet. In Europa stammt der älteste erhaltene Ratschlag zur Zucht von Pilzen von Plinius d. Ä.: „Die in gedüngte Furchen gestreute Rinde von Weißpappeln sichert während des gesamten Jahres den Ertrag von Speisepilzen." Auf diese Art wurde wahrscheinlich im Römischen Reich der Pappelackerling, dessen Zucht sich gegenwärtig erneut zu entfalten beginnt, künstlich gezüchtet.

Die Grundlagen der modernen Mykologie legte der französische Botaniker Christian Hendrik Persoon (1755–1837) mit der Herausgabe des Werks „Synopsis methodica fungerum" (Übersicht der Methodik von den Pilzen). Weiterführend schuf der schwedische Botaniker Elias Magnus Fries

(1794–1878) mit seinem mehrbändigen Werk „Systema mycologicum" die Grundlage der wissenschaftlichen Nomenklatur der Pilze. Seitdem wurden Hunderte von mykologischen Studien geschrieben. Das Niveau der Kenntnisse steigt ständig weiter, und in der letzten Zeit entstehen neue biotechnologische Disziplinen, bei denen Pilze zur Anwendung kommen. So beginnt man zum Beispiel bei den Pilzen den Gehalt an unlöslichen Stickstoffsubstanzen zu schätzen, die nicht nur die Darmperistaltik unterstützen, sondern darüber hinaus als Gewebe eine Reihe schädlicher Stoffwechselprodukte zu absorbieren vermögen. In den Pilzen wurden antiallergische Stoffe entdeckt, die erfolgreich auf verschiedene Ekzeme, Bronchialasthma oder allergische Hautausschläge wirken. Eine sehr interessante Entdeckung ist die antitumoröse Aktivität der Pilze, die zum Beispiel beim Samtfußrübling, Birkenporling, Austernseitling, Hallimasch, Wiesenchampignon, Riesenbovist und schließlich sogar beim Steinpilz nachgewiesen wurde. Es bestehen jedoch weiterhin noch viele unbeantwortete Fragen, die auf neue Labor- und untraditionelle Forschungsmethoden warten.

Beispiele von Pilzvergiftungen

In den mykologischen Beratungsstellen tauchen Hunderte von Fragen auf, die die Giftpilze betreffen, und wir können einstweilen noch nicht alle eindeutig beantworten.

Wie verhält es sich zum Beispiel mit den Tieren? Manchen Lebewesen schaden giftige Pilze tatsächlich nicht. Ich selbst habe mehrere Tage lang zwei Schnecken beobachtet, die auf einer Pilzausstellung in verschlossenen Gläsern gehalten wurden. Sie sollten den Schulkindern als Beispiel eines lebenden Pilzschädlings dienen. Jemand kam jedoch auf den Gedanken, die Schnecken mit giftigen Pilzen zu füttern, und brachte täglich frische Grüne Knollenblätterpilze, die den Tieren ausgezeichnet schmeckten. Während dieses vierzehntägigen Experiments verdoppelten die Schnecken ihr Gewicht. Dabei reichte die Pilzmenge, die sie konsumierten, mit Sicherheit aus, mehrere vielköpfige Familien ums Leben zu bringen. Die Schnecken jedoch gediehen prächtig. So konnten wir auf dieser Ausstellung in der Praxis zeigen, daß die Giftigkeit der Pilze für lebende Organismen relativ ist, abhängig vom Stoffwechsel des Tieres, von der Art und Weise, wie die in den Pilzen enthaltenen Substanzen abgebaut oder verwertet werden können. Die Toxine im Grünen Knollenblätterpilz schaden den Schnecken nicht, weil sie einen primitiveren Stoffwechsel haben als der Mensch. Das gilt jedoch nicht nur für die Schnecken, auch die Larven kleiner Fliegen entwickeln sich im Knollenblätterpilz, von dessen Fruchtfleisch sie sich ernähren. Bei höher entwikkelten Tieren zeigt sich allerdings die giftige Wirkung. Es ist eine ganze Reihe von Fällen bekannt, in denen sich Katzen, Pferde oder Ziegen auf der Weide mit Pilzen vergiftet haben. So beschreibt zum Beispiel der Mykologe F. Guth die Vergiftung einer Katze, die nur sehr wenig von süßer Milch getrunken hatte, in der sich zerdrückte Fliegenpilze befanden (die vergiftete Milch war für Fliegen aufgestellt worden). Nach kurzer Zeit erbrach sich die Katze, am Maul bildete sich Schaum, die Augen quollen hervor und der hintere Teil des Körpers war gelähmt, so daß sie die Hinterbeine nachzog. Nach drei Tagen erholte sich das Tier, konnte aber die Hinterbeine noch vierzehn Tage nicht richtig beherrschen.

Laborversuche, bei denen verschiedene Toxine an Mäusen und Kaninchen ausprobiert wurden, haben gezeigt, daß das Überschreiten einer bestimmten Dosis den Tod herbeiführt. Man hat beobachtet, daß die Vergiftungen nach dem Verzehr der gleichen Menge giftiger Pilze bei Pflanzenfressern einen leichteren Verlauf haben als bei Fleischfressern. Bei letzteren sind die Reaktionen auf das Gift sehr heftig und können mit dem Tode des Tieres enden.

Doch zurück zum Menschen. Nach den Erfahrungen, die viele Generationen gesammelt haben, ist allgemein bekannt, daß giftige Pilze gefährlich sind und sogar den Tod herbeiführen können. Trotzdem werden sie gegessen, meist unfreiwillig und aus verschiedenen Gründen.

Pilze als Mordinstrument

Aus der Geschichte sind viele Fälle bekannt, in denen politische oder andere Gegner nicht nur mit Waffen, chemischen Giften oder Kräuteraufgüssen, sondern auch mit Giftpilzen beseitigt wurden. Nach Dr. Robert Vávra handelt es sich beim Tod des römischen Kaisers Claudius im Jahre 54 n. Chr., so wie er vom römischen Geschichtsschreiber Suetonius Tranquillus aufgezeichnet wurde, um die älteste beschriebene Vergiftung mit Pilzen. Aus vielen Quellen ist bekannt, daß auf den Tafeln der römischen Kaiser die Pilze niemals fehlen durften, denn sie gehörten damals zu den auserlesensten Speisen. Der Kaiserling war, wie wir aus den Werken des Plinius oder Martialis erfahren, im Alten Römischen Reich eine erstrangige Delikatesse. Apicius, ein bekannter Verschwender und Feinschmecker im Alten Rom, wollte sich sogar das Leben nehmen, als sein Vermögen auf zweiundeinhalb Millionen Sesterzen zusammenschrumpfte, denn er befürchtete ernstlich, Mangel leiden zu müssen und sich keinerlei seltene Pilzspeisen mehr leisten zu können.

Der Giftmord an Kaiser Claudius war offenbar nicht einfach. Da der Kaiser mit einer ähnlichen Möglichkeit rechnete, hielt er sich einen Koster, den Eunuchen Holut. Die meisten Gifte wirkten schon nach kurzer Zeit und wurden so schon während der Kostprobe offenbar. Wenn Agrippina, die Gemahlin des Kaisers, den Grünen Knollenblätterpilz verwendete (so mit Farben präpariert, daß er vom Kaiserling nicht unterschieden werden konnte), dann konnte der Koster nichts erkennen. Die Latenzzeit der Vergiftung genügte, das todbringende Gericht bis zum Kaiser gelangen zu lassen. Die Giftmischerei hatte im Alten Rom ein ansehnliches Niveau erreicht, und die Gegner des Kaisers besaßen erstaunliche Kenntnisse über die Pilze.

Die Gefahr der in den Pilzen enthaltenen Toxine beruht auch darauf, daß es beständige Substanzen sind. Auch wenn der Pilz in Form eines Auszugs, Aufgusses oder Pulvers eingenommen wird, ist die Gefahr der Pilzvergiftung gegeben, zumal Hinweise auf den giftigen Pilz nach kurzer Zeit nicht mehr erkennbar sind.

Mangelnde Kenntnisse oder Verwechslung von giftigen und eßbaren Pilzen.

Die meisten Menschen, die sich mit dem Grünen Knollenblätterpilz vergiftet haben, sind überzeugt, gute Speisepilze gesammelt zu haben. In der mykologischen Literatur wurden viele Fälle beschrieben, in denen die Menschen ihre Pilzkenntnis zu hoch eingeschätzt hatten und dieses mit dem Leben bezahlen mußten. Ein konkreter Fall aus der tschechischen Fachliteratur soll hier näher beschrieben werden. Eine dreiköpfige Familie vergiftete sich mit Grünen Knollenblätterpilzen, und die Ursache war Leichtfertigkeit beim Sammeln.

Eine Frau suchte auf den Wiesen in der Prager Umgebung oft Champignons. Eines Tages sammelte sie im Wald neben den eßbaren Pilzen auch ungefähr 10 Fruchtkörper des Grünen Knollenblätterpilzes. Sie hielt diese für Waldchampignons und meinte, die Hüte seien grün, weil sie im Wald nicht ausreichend von der Sonne beschienen wurden. Gegen 18 Uhr bereitete sie aus allen Pilzen und Eiern ein Gericht. In den frühen Morgenstunden wurde die ganze Familie von wässerigen Durchfällen und Erbrechen heimgesucht, alle waren müde und matt. Die Frau und der Sohn wurden in ein Krankenhaus eingewiesen, der Mann lehnte die Überführung ab.

Am schnellsten verlief die Vergiftung bei dem neunjährigen Sohn. Nach Magenspülungen und der Anwendung von Abführmitteln verschlechterte sich sein Gesundheitszustand, anhaltende starke Leibschmerzen stellten sich ein, und 57 Stunden nach dem Verzehr der Pilze starb das Kind unter Anzeichen von Herzversagen.

Die Frau war am zweiten Tage zwar schwach, aber doch so klar bei Bewußtsein, daß sie den Arzt über die Ursache der Vergiftung unterrichten konnte. Man setzte bei ihr eine ganze Reihe moderner Medikamente zur Unterstützung der Leberfunktion, Vitamine, Zucker und Leberauszüge ein und verabreichte ihr ein Gemisch aus zermahlenen Kaninchenmägen und -hirnen. Die Patientin blieb aber weiterhin apathisch und schläfrig und gab an, nichts zu sehen. Die Bindehaut der Augen zeigte eine schwache Gelbfärbung, die Leber war geschwollen und schmerzte, Störungen der Herztätigkeit machten sich bemerkbar. Obwohl man zur Behandlung Auszüge aus den Nebennieren und Herzmedikamente hinzuzog, starb die Patientin nach 115 Stunden.

Der Mann ließ sich zwar nach einem Tag den Magen ausspülen, lehnte eine weitere stationäre Behandlung aber ab. Erst als er durch die hartnäckigen Durchfälle erschöpft war, wurde er mit starkem Durst und Wadenkrämpfen ins Krankenhaus transportiert. Hier starb er trotz intensiver Behandlung 96 Stunden nach dem Genuß der Pilze.

In der mykologischen Literatur sind auch Fälle beschrieben, in denen kleine Kinder Pilze für das Abendessen suchten. Sie gelangten beim Sammeln von Champignons von den Wiesen bis in den Wald, wo sie auch Grüne Knollenblätterpilze fanden, die sie reinigten, schälten und mitnahmen. Die Mutter erkannte die abgezogenen Pilze im Lampenlicht nicht und bereitete daraus das Abendessen.

Sehr gefährlich ist auch die selbst durchgeführte Kontrolle der Genießbarkeit unbekannter Pilze. Da heutzutage eine umfangreiche mykologische Literatur, ausreichende analytische Methoden und ein ganzes Netz von Pilzberatungsstellen zur Verfügung stehen, ist das selbständige Experimentieren unnötig und leichtsinnig. Manchmal bereiten Leute aus unbekannten Pilzen Speisen zu, lassen diese von einem Mitglied der Familie kosten und warten, ob ihm schlecht wird. Enthält aber das probierte Gericht einen Grünen Knollenblätterpilz, dessen Gift eine Latenzzeit bis zu 8 Stunden besitzt, kann das für die Familie die letzte Mahlzeit sein.

Unbekannte Pilzen sollten auch nicht roh im Wald gekostet werden. Einige praktische Pilzsammler empfehlen diese Probe zwar, wir aber halten sie nur bei den Täublingen oder zu Unterscheidung von Steinpilz und Gallenröhrling oder von Rauchblättrigem und Grünblättrigem Schwefelkopf für unbedenklich. Aber auch in diesen Fällen empfehlen wir, die Kostproben nicht zu schlucken. Bei einer Verwechslung mit dem Satansröhrling oder einigen bunten Röhrlingen kann ein kleines Fruchtfleischstück eine Vergiftung und erhebliche Gesundheitsbeschwerden verursachen.

Mit der Speise können die Toxine der Giftpilze auch in die Muttermilch gelangen. In Anbetracht des geringen Gewichts des Säuglings könnte auch eine leichte Vergiftung der Mutter für das Kind tödlich sein.

Die Gefahr einer Vergiftung lauert auch auf Pilzkenner. Zum Beispiel brachte ein Mykologe neben den eßbaren Pilzen auch einen Grünen Knollenblätterpilz mit nach Hause, den er am nächsten Tag auf einem Vortrag demonstrieren wollte. Er legte die Pilze in die Speisekammer und seine Frau bereitete in der Annahme, daß alle genießbar seien, ein Gericht daraus. Nach dem Abendessen wollte der Mykologe am Giftpilz noch etwas studieren und stellte dabei fest, daß dieser irrtümlicherweise in das Essen gelangt war. Eine schnellstens durchgeführte Magenspülung rettete allen Familienmitgliedern das Leben.

Giftstoffe können auch in konservierte Pilze gelangen. Man sollte deshalb niemals unbekannte oder verdächtigte Pilze trocknen. Besonders gefährlich ist die Zubereitung von Pilzpulver, bei dem die Identifikation der giftigen Bestandteile am kompliziertesten ist. Grundsätzlich werden Pilze, die auf diese Weise konserviert wurden, nur verwendet, wenn sie von Pilzkennern gesammelt wurden.

Auch wenn nicht richtig oder bei manchen Arten zu langsam getrocknet wird, tauchen im Trockenmaterial manchmal Giftstoffe auf. So kann sich zum Beispiel beim Trocknen des Rotfußröhrlings *(Xerocomus chrysenteron)* der parasitische, niedere Goldschimmel *(Apiocres chrysosperma* syn. *Hypomyces chrysospermus),* der auf der Hutoberfläche dieser Art lebt, übervermehren und mit seinem Toxin die anderen getrockneten Pilze verseuchen. Arten, bei denen eine Infektion mit Goldschimmel wahrscheinlich ist, sollten deshalb nicht getrocknet werden. Wenn man keine Möglichkeit hat, Pilze innerhalb von 24 Stunden zu trocknen, konserviert man sie auf andere Weise.

Gefährliche Vorurteile

Die unermeßliche Artenzahl der Pilze und die großen Schwierigkeiten bei ihrer Bestimmung verführen manchen Pilzliebhaber zu Vereinfachungen. Altem Irrglauben zufolge ist die Unterscheidung von eßbaren und giftigen Pilzen sehr einfach, so zum Beispiel „brennt der giftige Pilz im Mund und schmeckt unangenehm“. Das ist jedoch nicht wahr. Der rohe Echte Reizker *(Lactarius deliciosus)* hat zum Beispiel einen unangenehmen bis widerlichen Geschmack und gehört trotzdem zu den ausgezeichneten, gesuchten Pilzen. Wie bei vielen anderen eßbaren Pilzen verschwindet dieser schlechte Geschmack bei der Behandlung mit Wärme. Schärfe oder Bitterkeit sind höchstens Anzeichen dafür, daß dieser oder jener Pilz vielleicht ungenießbar ist, was aber nicht heißt, daß er auch giftig ist. Umgekehrt schmecken und riechen viele giftige Arten völlig unauffällig, sogar angenehm. Die giftigsten Pilze schmecken weder brennend noch bitter, sie duften nicht und riechen auch nicht auffallend widerlich. Der Grüne Knollenblätterpilz riecht unauffällig und schmeckt nach der Behandlung mit Wärme sogar ausgezeichnet.

Auch der Irrglaube, daß sich silberne oder versilberte Gegenstände schwarz verfärben, wenn sie von einem giftigen Pilz berührt werden, ist falsch. Dieses Nachdunkeln des Metalls wird sicher von anderen Substanzen hervorgerufen und geht nicht auf das Vorhandensein von Toxinen zurück. Der Grüne Knollenblätterpilz oder andere giftige Pilze rufen diese Farbreaktion nicht hervor.

Auch die farbliche Veränderung des Fruchtfleisches beim Zerschneiden des Fruchtkörpers ist kein Anzeichen für die Giftigkeit des Pilzes. Röhrenpilze, die sich blau verfärben, sind meistens sehr schmackhaft, obwohl sich unter ihnen auch eine giftige Art befindet. Diese Verfärbung ist die Folge der Sauerstoffreaktion des im Pilz enthaltenen Farbstoffs und nicht abhängig von Toxinen. Falsch ist auch die Behauptung, daß Pilze, die von Wild oder Schnecken benagt oder von Insektenlarven (Maden) befallen sind, eßbar seien. Weder Schnekken noch die Larven von Insekten werden, dank ihres Stoffwechsels, von den Giften des Grünen Knollenblätterpilzes beeinträchtigt.

Es gibt keine einfache und allgemeingültige Regel, nach der die giftigen Pilze zuverlässig zu erkennen sind. Sie sind also ausschließlich an ihren botanischen Merkmalen zu unterscheiden. Das ist zwar beschwerlicher, dafür aber sicher.

Die Wirkung der Pilzgifte

Nach dem Verzehr von giftigen Pilzen treten je nach Art der enthaltenen Toxine die verschiedensten Beschwerden auf. Gesundheitsschäden können auch von Pilzen verursacht werden, in denen keine spezifischen Toxine festgestellt wurden, wie beispielsweise beim Kahlen Krempling.

Mit der Problematik der Pilzvergiftungen und der verschiedenen Beschwerden, die von Pilzen hervorgerufen werden, haben sich zahlreiche Ärzte, Biochemiker und Mykologen in der ganzen Welt beschäftigt. In unserem Buch gehen wir bei der Klassifizierung der Pilzvergiftungen von der Arbeit der tschechoslowakischen Ärzte und Toxikologen Dr. Josef Herink, Dr. Jiří Kubička und Dr. Jaroslav Veselský aus. Diese Ärzte begründeten eine neue Methodik zur Behandlung der sogenannten phalloidischen Vergiftungen, setzten sich für vorbeugende Aufklärung über giftige und gefährliche Pilze und das Erkennen von Pilzvergiftungen ein.

Entsprechend der Wirkung auf die einzelnen Organe des Menschen werden die Pilzvergiftungen in unserem Buch in mehrere grundlegende Gruppen eingeteilt:

1. Vergiftungen, die die Leber schädigen. Sie werden nach dem Grünen Knollenblätterpilz *(Amanita phalloides)* **phalloidische Vergiftungen** genannt und werden von einigen kleinen farbigen Schirmlingen, verschiedenen Häublingen, der Frühjahrslorchel, dem Grünblättrigen Schwefelkopf und vor allem vom Grünen, Weißen und Spitzhütigen Knollenblätterpilz verursacht.

Die Pilze aus dem Kreis des Grünen Knollenblätterpilzes enthalten zwei Giftstoffgruppen in hohen Konzentrationen – Amatoxine und Phallotoxine. In ihrer Wirkung gehören diese Substanzen zu den heimtückischsten Pilzgiften. Sie haben bis zu 99 % aller Todesfälle verursacht. Die Toxine dringen in die Leberzellen ein, beschädigen deren Mikrostruktur und verhindern so die normalen Funktionen. Phallotoxin ist also die Hauptursache der tödlichen Vergiftungen mit Pilzen.

Die ersten Anzeichen einer phalloidischen Vergiftung treten erst nach relativ langer Zeit auf. Die Latenzzeit beträgt 6, meistens aber 8 bis 12 Stunden nach dem Verzehr der Pilze. Als erstes Vergiftungsmerkmal treten Reizungen des Verdauungssystems auf, die mit Durchfällen und Erbrechen verbunden sind. Diese Anzeichen dauern ungefähr zwei Tage. Die starken Durchfälle und das Erbrechen haben große Feuchtigkeits- und Salzverluste zur Folge, der Betroffene fühlt sich erschöpft, er hat Krämpfe in den Beinen und Störungen bei der Harnausscheidung, die mit einer vollkommenen Harnverhaltung und der Verseuchung des Organismus mit den nicht ausgeschiedenen Abfallprodukten des Stoffwechsels enden können. Im Blut des Kranken nimmt die Aktivität der Enzyme, der Transaminasen zu, der Spiegel des Gallenfarbstoffs steigt und stört die Blutgerinnung. In der folgenden Vergiftungsphase tritt eine scheinbare Erleichterung ein. Wird der Kranke nicht gründlich behandelt oder hat er eine zu große Menge giftiger Pilze gegessen, stellt sich die dritte Phase der Vergiftung ein. Der Betroffene verliert das Bewußtsein und stirbt am 6. bis 8. Tag unter Anzeichen eines Leberversagens. Seine Haut weist die Merkmale von Gelbsucht verschiedenster Grade auf.

Zu dieser Gruppe gehören auch die sogenannten **paraphalloidischen Vergiftungen,** die sich nach dem Genuß von Pilzen einstellen, die keine für den Grünen Knollenblätterpilz typischen Gifte enthalten. So ähnelt die Vergiftung durch die Frühjahrslorchel zwar der mit dem Grünen Knollenblätterpilz, sie weicht aber in einigen Merkmalen davon ab. Nach einer längeren Latenzzeit (5 bis 10 Stunden) stellen sich Unwohlsein, Kopf- und Bauchschmerzen und wiederholtes Erbrechen ein, was aber nie so lange anhält wie bei der Knollenblätterpilzvergiftung. Durchfälle sind eher eine Ausnahme. Verhältnismäßig oft kommt es zum Versagen des Blutkreislaufes und zu Gehirnschwellungen. Gewöhnlich zeigt sich auch eine verschieden intensive Gelbsucht, und die Vergiftung endet für den Betroffenen manchmal mit dem Tod im Leberkoma. Weder der Mechanismus der Vergiftung noch die Art des Giftes sind bisher bekannt, sie erfordert aber immer eine Behandlung im Krankenhaus.

2. Vergiftungen, die die Nieren schädigen. Sie werden nach dem Orangefuchsigen Hautkopf *(Cortinarius orellanus)* **Orellaninvergiftungen** genannt und werden von einigen Haarschleierpilzen verursacht. Die Zeit ohne irgendwelche Vergiftungsanzeichen, die Latenzzeit, dauert bei schwereren Vergiftungen 2 bis 3 Tage (nach dem Verzehr einer tödlichen Dosis, das sind 30 g Frischpilze), bei mittelschweren Vergiftungen 4 bis 9 Tage und in leichten Fällen 10 bis 17 Tage. Bei wiederholtem Genuß der Pilze kann der Beginn der Vergiftung schwer festgestellt werden, denn die Toxine häufen sich im Körper an. Die häufigere Harnausscheidung in der ersten Phase der Vergiftung wird leicht übersehen und der Betroffene wird erst durch Erbrechen, Durchfälle, Trockenheit in der Mundhöhle und Durstgefühle auf seine Erkrankung aufmerksam gemacht. Die Harnausscheidung nimmt allmählich ab und kann sich sogar ganz einstellen. Der Durst steigert sich jedoch ständig, und der Kranke nimmt täglich bis zu 10 Liter Flüssigkeit auf. Es stellen sich Kopfschmerzen, Schmerzen im Bauch, in der Nierengegend und in den Gelenken ein. Manchmal leidet der Kranke an Schüttelfrost, jedoch ohne Fieber. Später kommen nervliche Reaktionen hinzu, Schläfrigkeit, Zuckungen, Muskelzittern und Schwellungen der unteren Gliedmaßen und Augenlider. Bei Kindern kann die Vergiftung rasch verlaufen, und der Tod tritt innerhalb einiger Tage ein. Auch bei älteren Leuten, deren Nieren geschädigt sind, wirkt die Vergiftung rascher und stärker. Die Rekonvaleszens dauert lange. Manchmal verursacht die Vergiftung bleibende Nierenschäden. Eine Heilung ist nur in Krankenhäusern, die für die Hämodialyse (Blutwäsche) ausgestattet sind, möglich. Dort kann auch die zusätzlich eintretende Leberschädigung leichter beherrscht werden. Bei einer chronischen Nierenschädigung bleibt der Betroffene ständig auf die künstliche Niere angewiesen.

3. Muskarinvergiftungen. Sie sind nach dem Roten Fliegenpilz *(Amanita muscaria)* benannt, betreffen den Verdauungsapparat, das Nervensystem, das Herz und den Gesichtssinn und rufen Atembeschwerden hervor. Sie werden vom Roten Fliegenpilz, verschiedenen Rißpilzen, Trichterlingen, dem Tongrauen Fälbling, dem Leuchtenden Ölbaumpilz und dem Rosa Helmling bewirkt. Die Latenzzeit ist sehr kurz. Manchmal beginnt sich die Vergiftung schon während des Essens, in der Regel aber bis zu zwei Studen danach bemerkbar zu machen. Sie äußert sich mit auffallenden Schweißausbrüchen (manchmal ist der Betroffene schweißgebadet), Speichelfluß und Augentränen. Es treten Magenbeschwerden, Erbrechen und Durchfälle ein. Die peripheren Blutgefäße erweitern sich, der Blutdruck sinkt ab, der anfangs beschleunigte Puls verlangsamt sich, der Kranke hat Kältegefühle und Schüttelfrost. Auffällig sind auch die verengten Pupillen, die von Sehstörungen begleitet werden. Es kommt zu Atembeschwerden, die zu einem völligen Aussetzen der Atemfunktion führen können. Der Flüssigkeits- und Salzverlust äußert sich manchmal in Krämpfen der unteren Gliedmaßen. Diese Vergiftung kann tödlich sein.

4. Psychotrope Vergiftungen. Sie beeinflussen vor allem die Psyche des Menschen. Sie werden von zwei Giftgruppen hervorgerufen, von Mykoatropin und Psylocybin.

Mykoatropine Vergiftungen werden besonders von Knollenblätterpilzen hervorgerufen; sie machen sich eine halbe bis drei Stunden nach dem Essen mit Unwohlsein, Erbrechen, Kopfschmerzen, Herzklopfen und Sehstörungen bemerkbar. Der Kranke hat anhaltend erweiterte Pupillen, oft tritt ein Zustand ein, der dem Alkoholrausch gleicht. Der Vergiftete spricht viel, lacht oder weint grundlos, schlägt sich selbst, läuft umher und wird manchmal aggressiv. Nach diesen starken Erregungszuständen treten Ohnmachten ein, aus denen der Betroffene von Zeit zu Zeit erwacht, er hat Halluzinationen, schreit und wehrt sich gegen unsichtbare Gefahren. Schließlich verfällt er in einen tiefen Schlaf, aus dem er meistens im Normalzustand erwacht, wobei er sich an nichts erinnern kann. Diese Vergiftung ist vor allem für ältere Menschen mit einer Gehirngefäßverkalkung und für herzkranke Personen gefährlich. Todesfälle sind vereinzelt.

Halluzinogene Vergiftungen, die das Psilocybin bewirkt, werden von einigen Arten der Kahlköpfe, Düngerlinge und Schuppenpilze hervorgerufen. Sie äußern sich in Gefäßerweiterungen mit wechselnden Wärme- und Kälteempfindungen und der Vergrößerung der Pupillen, die von Sehstörungen und Halluzinationen begleitet werden. Die psychischen Anzeichen der Vergiftung sind unterschiedlich. Manche Erkrankte verfallen in Euphorie, sie lachen, haben Störungen des farbigen Sehens, erleben Kaleidoskopeffekte, sehen doppelt u.ä. Andere empfinden Beklemmungen und Angst und haben Schreckensvisionen, die zu Delirium und Selbstmordversuchen führen können. Die Vergiftung dauert einige Stunden an und hinterläßt bei gesunden Personen keine Spuren.

5. Vergiftungen des Verdauungssystems. Sie werden vom Tigerritterling, dem Riesenrötling, dem Frühlings-Giftröhrling, dem Karbolegerling, dem Maggipilz, dem Birkenreizker, den Bovisten, den brennenden Täublingen, den Korallen, dem Getropften Ritterling und anderen Ritterpilzen hervorgerufen.

Die Vergiftungsanzeichen machen sich verhältnismäßig bald, 1 bis 4 Stunden nach dem Verzehr, bemerkbar. Die Vergiftung mit dem Tigerritterling kann schon von zwei größeren Fruchtkörpern ausgelöst werden und äußert sich nach einer halben bis zwei Stunden mit Erbrechen und Durchfällen. Durch den Verlust von Flüssigkeit und Salz kann es auch zur Schädigung der Nieren kommen. Es wurden mehrere Todesfälle beschrieben.

Die Vergiftung mit dem Riesenrötling zeigt sich nach 2 bis 4 Stunden mit starken Durchfällen und Erbrechen. Dieser Zustand kann mehrere Tage dauern und zu erheblicher Erschöpfung führen. Manchmal werden auch die Nieren in Mitleidenschaft gezogen. Ältere Menschen können an Herzversagen sterben. Todesfälle als Folge der Vergiftung mit dem Riesenrötling sind in ganz Mittel- und Südeuropa bekannt.

Mit wiederholten Durchfällen äußert sich nach 2 bis 4 Stunden (manchmal erst nach 24 Stunden) die Vergiftung mit dem Frühlings-Giftröhrling. Diese starken Durchfälle dauern mehrere Tage an und haben einen erheblichen Wasserentzug und die Schwächung des Organismus zur Folge. Erbrechen tritt nur ausnahmsweise auf. Todesfälle sind nicht bekannt.

Die Vergiftung mit dem Karbolegerling beginnt 1 bis 3 Stunden nach dem Verzehr einer größeren Menge von Pilzen. Sie äußert sich mit Erbrechen, das mehrere Stunden dauert. Durchfälle treten nur ausnahmsweise auf. Ähnlich verläuft die Vergiftung mit dem Perlhuhnchampignon.

Der Kartoffelbovist ruft eine Vergiftung hervor, die sich nach 1 bis 2 Stunden mit hartnäckigem Erbrechen und schmerzlosen Durchfällen bemerkbar macht. Der Betroffene klagt über Druck in der Magengegend, der in einen dumpfen Schmerz übergeht. Die Vergiftungserscheinungen weisen auf eine Beeinträchtigung des Zentralnervensystems hin. Der Kranke verspürt Ohrensausen, klagt über Kopfschmerzen und fühlt sich seltsam berauscht bis schläfrig. Als weitere Anzeichen können Hitzezustände, Schweißausbrüche, Schwindelanfälle, Unsicherheit und erschwerte Nasenatmung auftreten. Die Beschwerden klingen im Verlaufe einiger Stunden ab.

Nach dem Genuß einiger brennender Täublinge und Milchlinge tritt 1 bis 4 Stunden später eine Vergiftung ein, die sich mit wiederholten Durchfällen und Erbrechen äußert, aber nicht von langer Dauer ist.

Die vom Getropften Ritterling verursachte Vergiftung führt innerhalb von zwei Stunden zu Unwohlsein und Brechreiz. Der Kranke bricht das Pilzgericht aus. Das Erbrechen wiederholt sich ungefähr 15mal, ohne daß sich eine Erleichterung einstellt. Es treten krampfhafte Bauchschmerzen und wiederholte Durchfälle auf. Manchmal kommt es auch zu Störungen des Blutkreislaufes und Ohnmachtszuständen mit kaltem Schweiß, einer Beschleunigung der Herztätigkeit und Krankheitsmerkmalen, die vom Flüssigkeitsverlust hervorgerufen werden. Dieser sekundäre Zustand mit Erschöpfungen und körperlicher Schwäche kann mehrere Tage dauern.

Die Korallen enthalten die Substanz Emodin, die den Dickdarm stark reizt. Die Vergiftung ist nicht gefährlich, wegen der wiederholten Durchfälle aber unangenehm.

6. In der Kombination mit Alkohol bewirken manche Pilze Verdauungs-, Herz- und psychische Beschwerden. Hierher gehört die Vergiftung mit dem Grauen Faltentintling und gegebenenfalls auch mit dem Glimmertintling. Der Faltentintling ist eßbar und sehr schmackhaft. Wenn man jedoch nach dem Verzehr dieses Pilzes Alkohol trinkt, zeigt sich die Wirkung des Coprins, eines Stoffs, der die Tätigkeit der Enzyme in der Leber blockiert. Die sogenannte Acetaldehydvergiftung macht sich innerhalb von 30 Minuten durch eine auffallende Rötung des Gesichts bemerkbar, die sich auch auf den Rumpf und die oberen Gliedmaßen ausbreitet. Der Betroffene verspürt Herzklopfen und Atemnot, er erbricht, hat Durchfall und Todesangst. Diese Erscheinungen sind äußerst unangenehm und entsprechen in ihrer Stärke der Menge der konsumierten Pilze und des Alkohols. Sie klingen nach zwei bis drei Stunden ab, wiederholen sich aber bei erneuertem Alkoholgenuß (bis zum vierten Tag nach dem Verzehr der Pilze).

Erste Hilfe bei Pilzvergiftungen

Unwohlsein, das nach dem Verzehr von Pilzgerichten eintritt, muß nicht immer auf eine Vergiftung hindeuten. Es kann auch durch den übermäßigen Genuß von eßbaren Pilzen hervorgerufen werden. Besonders schwer verdaulich sind Pilzgemische, die mit Eiern, Grieß und einer größeren Menge Fett angerichtet werden. Je stärker die Beschwerden sind und vor allem je später sie sich nach der Mahlzeit einstellen, um so gefährlicher kann die Vergiftung sein. Eine lange Latenzzeit ist gerade für die Vergiftung mit dem Grünen Knollenblätterpilz typisch. Beim Verdacht einer Pilzvergiftung muß man auf jeden Fall: **1.** Sofort den Arzt rufen oder den Betroffenen in ein Krankenhaus transportieren (ärztliche Hilfe wird auch nachts angefordert). **2.** Den Arzt davon unterrichten, daß der Kranke Pilze gegessen hat. **3.** Die Reste der unverarbeiteten oder nicht verspeisten Pilze, eventuell auch Stücke des Pilzgewebes, die zuerst im Erbrochenen und später im Stuhlgang zu finden sind, sicherstellen. Eine richtige wie auch wirksame ärztliche Hilfe hängt im wesentlichen von einer raschen und zuverlässigen Bestimmung der verzehrten Pilzart ab.

Vor dem Eintreffen des Arztes kann man noch folgendes unternehmen: **a)** Der Betroffene sollte so schnell wie möglich ausgiebig erbrechen. Manchmal geschieht das spontan, es stellt sich aber gerade bei den giftigen Arten aus dem Kreis des Grünen Knollenblätterpilzes gewöhnlich recht spät sein. Um den Brechreiz auszulösen, gibt man dem Kranken warmes, schwach gesalzenes Wasser zu trinken und wiederholt diesen Vorgang so lange, wie im Erbrochenen Speisereste mit Pilzstückchen vorhanden sind. **b)** Der Kranke erhält keinerlei Nahrung. Als Getränk ist nur Wasser, das eventuell mit Zucker und Zitrone versetzt wird, zugelassen. Milch ist ungeeignet. Jede Form von Alkohol ist verboten und würde die Vergiftung verschlimmern. **c)** Soweit es bei Durchfall und Erbrechen möglich ist, sollte der Patient ruhig liegen. **d)** Aus der Hausapotheke darf nur Aktivkohle verwendet werden. Sie wird in einer Dosis von 20 Tabletten auf einmal verabreicht. Wer seinen Urlaub weit entfernt von ärztlichen Einrichtungen verbringt, sollte deshalb immer eine ausreichende Reserve von Aktivkohle zur Verfügung haben.

Es kann sein, daß die vorgeschlagenen Maßnahmen überflüssig sind, man darf aber nicht vergessen, daß an den Pilzvergiftungen 10 bis 15 % aller Betroffenen sterben. Das geschieht vor allem durch die Unterbewertung der toxischen Wirkung und eine zu spät einsetzende fachmännische Behandlung. Dank wirksamer Heilmethoden kann die Sterbequote auf 1 % gesenkt werden, wenn die Intensivbehandlung innerhalb von 36 Stunden nach dem Genuß von Giftpilzen einsetzt.

Giftige und eßbare Pilze

Mit dem Studium der Pilze, ihrem Leben in der Natur, ihrer Wirksamkeit und Bedeutung für die übrigen Organismen beschäftigt sich ein verhältnismäßig junger Wissenschaftszweig, die Mykologie. Die Erforschung der Mykoflora ist bisher bei weitem noch nicht abgeschlossen. Die gesamte Artenzahl der Pilze wird auf 80 000 bis 100 000 geschätzt, wobei ständig Neuentdeckungen hinzukommen. Die meisten Arten sind mikroskopisch klein, bei ihnen kann das Pilzgeflecht und ein echter Fruchtkörper nicht unterschieden werden. Dazu gehören die Schimmel- und Gärungspilze, die für die Lebensmittelindustrie unentbehrlich sind, genauso wie Pilze, die Krankheiten bei Pflanzen, Tieren und Menschen verursachen und Obst, Gemüse, Gebäck, Holz und Textilien vernichten. Die höheren oder großen Pilze, die Makromycetes, sind auf unserem Planeten mit 15 000 bis 20 000 Arten vertreten. In Europa wachsen 5 000 bis 6 000 Arten. Davon sind 6 bis 8 Arten tödlich giftig, ungefähr 100 Arten giftig oder gesundheitsschädlich, 100 bis 150 Arten ausgezeichnete und 300 bis 400 Arten gute Speisepilze. Die übrigen Pilze sind ungenießbar, bisher noch nicht erforscht oder selten.

Die Unterteilung der Pilze in eßbare, ungenießbare und giftige Arten ist sehr problematisch. Die Toxizität der Pilze ist bis zu einem bestimmten Maße relativ. Sehr treffend hat das der französische Mykologe Roger Henry ausgedrückt: „Eßbar sind die Pilze, die am wenigsten giftig sind.“ Die neuesten Untersuchungen geben ihm recht, denn gefährlich giftige Substanzen sind in Spuren auch im Steinpilz und anderen garantiert eßbaren Arten enthalten. Der Terminus Giftpilz ist einstweilen noch nicht klar abgegrenzt. Als eßbare Pilze bezeichnet man also Arten, die, mit Wärme behandelt und in angemessener Menge genossen, keine Vergiftungen verursachen können.

Als ungenießbar gelten die Arten, die aus verschiedenen Gründen unbrauchbar sind. Sie sind zum Beispiel zu hart, zäh, brennend, bitter oder sauer. Die Unbrauchbarkeit der Pilze ist ebenfalls relativ. Irgendwo könnte jemand eine besondere kulinarische Zubereitungsart gefunden haben, die in der Lage ist, eine unbrauchbare oder sogar giftige Art in eine Delikatesse zu verwandeln. Beispiele dazu sind aus den verschiedenen Nationalküchen bekannt, die aus langjährigen Volkserfahrungen und Traditionen hervorgehen.

Obwohl es verhältnismäßig wenige giftige und gesundheitsschädliche Arten gibt, muß man beim Sammeln sehr vorsichtig sein und darf kein Risiko eingehen. Die giftigen Pilze können von den eßbaren Arten nur mit Hilfe einer vollkommenen Kenntnis ihrer biologischen Merkmale unterschieden werden.

Es gelingt nicht immer, jeden Pilz genau zu bestimmen, er darf dann aber auch nicht gegessen werden. Für eine sichere Bestimmung ist es notwendig, daß der Pilz alle angegebenen Merkmale aufweist.

Biologie und Bau der Pilze

Pilze sind niedere, gefäßlose Myzelpflanzen ohne Blattgrün (Chlorophyll) und unterscheiden sich somit vollkommen durch die Ernährungsweise von den Grünpflanzen. Blattgrün haben die Pilze entweder nie besessen oder im Verlauf ihrer Entwicklung verloren. Das Chlorophyll ermöglicht es den Grünpflanzen, mit Hilfe von Sonnenenergie aus einfachen anorganischen Substanzen, das heißt aus Wasser und Kohlenstoffoxyd, die gesamte Materie ihres Organismus zu bilden. Die Grünpflanzen sind die primären Produzenten der lebenden Masse auf der Erde, und die übrigen Lebewesen sind unmittelbar auf ihre Existenz angewiesen. Im Unterschied zu den Grünpflanzen gewinnen die Pilze Masse und Energie durch die Zersetzung abgestorbener oder lebender Substanz anderer Organismen bis in die einfachsten Komponenten, aus denen sie dann ihre Körpermasse aufbauen. Mit dem Abbau jeglicher Masse organischen Ursprungs nehmen sie eine wichtige Stellung im ständigen Kreislauf der Elemente in der Natur ein. Diese Aufgabe übernahmen die Pilze sofort nach der Entstehung und der Entwicklung der Grünpflanzen auf der Erde. Ohne ihre Zersetzungstätigkeit würden sich verschiedene Stoffwechselabfälle der übrigen Organismen anhäufen. Nachweise für die Existenz der Pilze sind schon in den Versteinerungen paläozoischer Schachtelhalme zu finden. In den Kohlen, die aus dem Mesozoikum und dem Tertiär stammen, wurden die Fruchtkörper von Porlingen entdeckt, deren fester Bau die Fossilisation ermöglichte. Insgesamt sind etwa 500 Arten fossiler Pilze bekannt, was jedoch nur ein kleiner Teil des damaligen Artenreichtums ist, denn die weichen Fruchtkörper konnten nicht erhalten bleiben. Die Pilze durchliefen gleich den Pflanzen und Tieren eine komplizierte Entwicklung, die bis heute andauert.

Entsprechend der Lebensweise teilt man die Pilze in drei Gruppen ein: **1.** Symbiotische (mykorrhizische) Pilze; **2.** Fäulnisbewohnende (saprophile) Pilze; **3.** Schmarotzende (parasitäre) Pilze.

Zur ersten Gruppe gehören die interessantesten,

Fruchtkörper: a) Röhrenpilze, b) Stoppelpilze, c) schirmlingsartige Blätterpilze, d), e), f), g) verschiedene Schlauchpilze, h) Stachelpilze, i) Stäublinge, j) Erdsterne, k) Morcheln, l) Seitlinge, m) Porlinge, n) Spaltblättlinge.

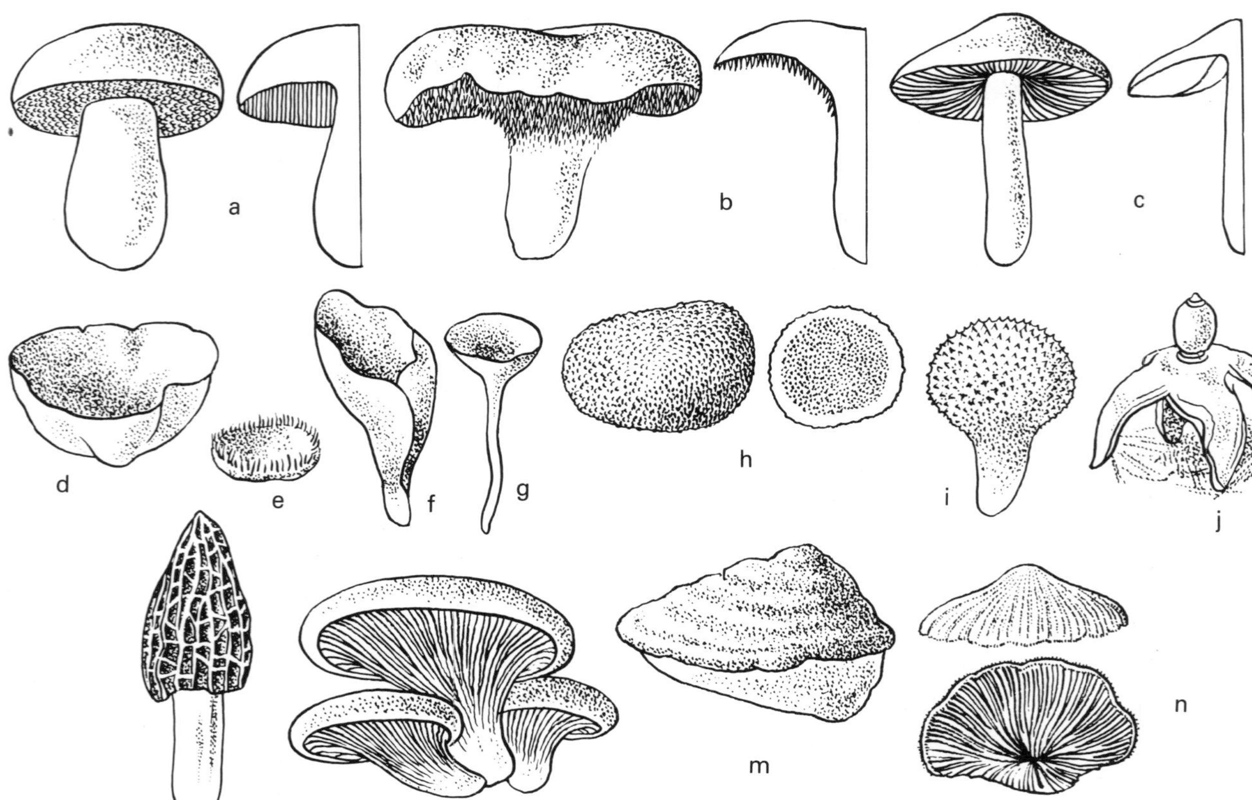

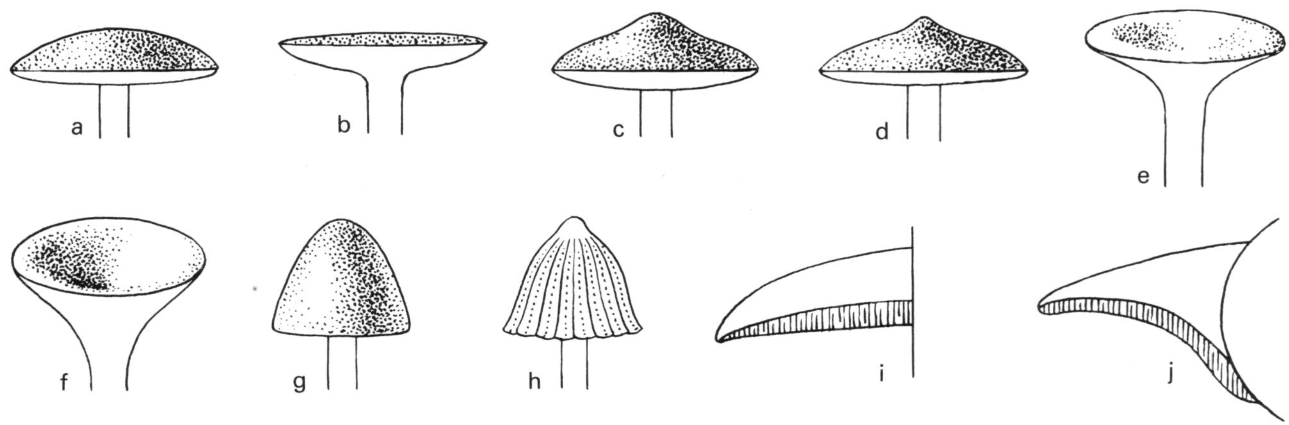

Hut: a) halbkugelig, niedrig gewölbt, b) flach, c) mit stumpfem Buckel, d) mit zugespitzter Warze, e) eingedrückt, f) trichterförmig, g) glockenförmig, h) glockenförmig, gerieft mit scharfem Buckel, i) Schnitt durch einen seitlich angewachsenen Hut, j) Schnitt durch einen halbentfalteten Hut.

im Wald wachsenden Pilzarten. Die Fasern ihrer Myzele umgarnen die zarten Würzelchen höherer Pflanzen, vor allem von Bäumen, Sträuchern und Waldgräsern, und bilden sonderbare Formationen heraus. In dieser komplizierten mykorrhizischen Beziehung ersetzt der Pilz teilweise das Wurzelsystem der Bäume. Er entnimmt ihnen notwendige Substanzen, vor allem Zucker, und liefert ihnen dafür andere, für Leben und Wachstum wichtige Stoffe, die er dem Boden und der Luft entzieht. Dieses Verhältnis ist für beide Partner vorteilhaft. Bäume, bei denen die Mykorrhiza vollkommen entwickelt ist, haben eine bessere Versorgung mit Nährstoffen und weisen stärkeren Zuwachs auf. Geht dann der Pilz infolge ungünstiger äußerer Umstände zugrunde, kann auch der Baum nicht weiterleben und verdorrt.

Viele Pilzarten bilden eine Mykorrhiza. Einige von ihnen haben nur zu einer bestimmten Baumart enge Beziehungen, beispielsweise der Lärchenröhrling *(Suillus grevillei)* zur Lärche, der Gelbblättrige Frostschneckling *(Hygrophorus hypotheius)* zur Kiefer und der Birkenpilz *(Leccinum scabrum)* zur Birke. Der größte Teil dieser Pilze ist jedoch auf keinen Wirt spezialisiert. Zu dieser Gruppe gehören die meisten Röhrenpilze, Täublinge, Ritterpilze, Knollenblätterpilze und Trüffeln. Die enge Beziehung zwischen Pilz und Gehölz ist auch vom forstwirtschaftlichen Standpunkt aus interessant. In einigen Staaten wurden Versuche unternommen, Mykorriza bildende Pilze auf die Sämlinge von Waldbäumen zu übertragen. Damit erzielte man einen größeren Anteil verwurzelnder Bäume und höhere Wachstumsraten. Auf diesem Prinzip beruhen auch die Versuche, bestimmte Arten wertvoller Speisepilze zu züchten.

Die saprophilen Pilze der zweiten Gruppe schöpfen ihre Nährstoffe aus den abgestorbenen Körpern von Pflanzen und Tieren, eventuell auch aus deren Resten, die sich in verschiedenen Zersetzungsstadien befinden. Mit Hilfe spezieller Enzyme sind die Pilze in der Lage, auch komplizierte Substanzen in einfachere zu zerlegen und damit für sich die nötigen Nährstoffe und Energie zu gewinnen. Zu dieser Gruppe gehören zum Beispiel Champignons, Morcheln, Schwefelköpfe, Stockschwämmchen, einige Bauchpilze und andere Arten. Die Menschen verstehen schon lange, die Zersetzungstätigkeit der Pilze zum eigenen Vorteil zu nutzen. Berichte von der künstlichen Zucht einiger Holzpilzarten in den ostasiatischen Ländern gehen bis zum Beginn unserer Zeitrechnung zurück.

Zur dritten Gruppe gehören die parasitären Pilze, die lebende Bäume, Kulturfrüchte und auch den Menschen befallen können. Sie verursachen große Schäden an Nahrungsmitteln und anderen Produkten. Zu ihnen gehören beispielsweise das Mutterkorn, der Getreiderost, der Hallimasch, eine ganze Reihe von Porlingen und schließlich auch Arten, die in der Lage sind, sehr unangenehme Hautkrankheiten zu verursachen.

Gesammelt werden die Fruchtkörper der Pilze, das sind ihre Fortpflanzungsorgane. Der eigentliche Pilzkörper besteht aus Hyphen, Fasern, die das sogenannte Myzelium (Pilzgeflecht) bilden. Zur Artenbestimmung kann sowohl das Myzelium wie auch, und das vor allem, der Fruchtkörper dienen. Die einzelnen Gattungen und Arten der Pilze sind mit Hilfe von Makro- und Mikromerkmalen zu unterscheiden. In diesem Buch beschränken wir uns im wesentlichen auf die Makromerkmale, die mit dem bloßen Auge wahrnehmbar sind.

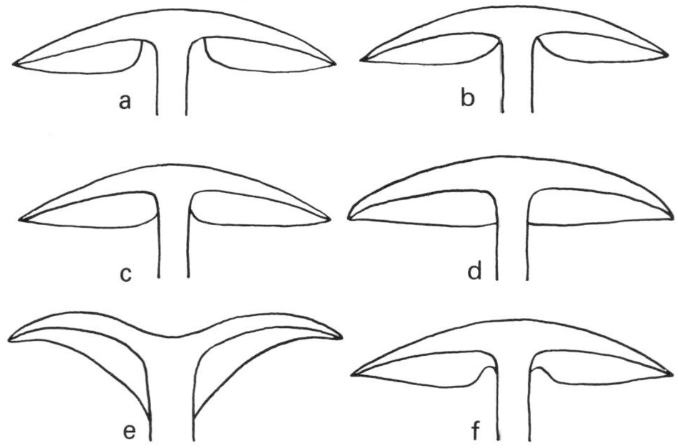

Anschluß der Lamellen an den Stiel: a) Lamellen abgelöst, b) Lamellen frei, c) Lamellen abgerundet angewachsen, d) Lamellen breit angewachsen, e) Lamellen am Stiel herablaufend, f) Lamellen mit einem Zähnchen herablaufend, ausgeschnitten, ausgekerbt oder ausgebuchtet.

Die Fruchtkörper der einzelnen Arten unterscheiden sich in der Größe, der Form und der Konsistenz, im Geruch und Geschmack und in der Farbe des Fruchtfleisches. Das Fruchtfleisch ist für die Bestimmung der Pilze ein sehr wichtiges Merkmal. Es kann faserig, wässerig, saftig, trocken, mürbe oder holzig sein und sich an der Schnittfläche unterschiedlich verfärben. Manchmal tritt Flüssigkeit aus, deren Farbe sich an der Luft verändert.

Der Fruchtkörper besteht aus dem Hut und dem Stiel. Der Hut kann eine charakteristische Form aufweisen und beispielsweise halbkugelig, flach, glockenförmig oder trichterförmig sein. An der Unterseite des Hutes befinden sich Lamellen oder Röhren, die mit der Fruchtschicht bedeckt sind. An der Fruchtschicht bilden sich die Sporen aus. Die Träger der Fruchtschicht können verschieden gestaltet sein, zum Beispiel lamellen-, röhren- oder stachelförmig.

Bei den Blätterpilzen ist es sehr wichtig, wie die Blätter oder Lamellen mit dem Stiel verbunden sind (zum Beispiel am Stiel herablaufend oder abgelöst).

Beim Stiel ist die Ausbildung des Abschlusses wichtig. Diese Basis kann abgerundet, stumpf, zugespitzt, knollenförmig, knollenförmig mit einer Scheide umgeben, wurzelnd, verjüngt u. ä. sein. Die Stieloberfläche ist glatt, gerieft, runzelig, gerippt, kahl, schuppig, schlüpfrig, verschiedenfarbig. Am Stiel mancher Pilze bildet sich ein Ring aus, der Rest der Hülle, die die Lamellen der jungen Pilze bedeckt. Wie sich der Ring, gegebenenfalls auch die Scheide entwickelt, ist auf der unteren Abbildung sichtbar.

Ein anderes Makromerkmal ist die Färbung der Sporen, die zu sehen ist, wenn man die Sporen aus dem Fruchtkörper auf eine weiße Unterlage ausfallen läßt. Man schneidet den Hut ab, legt ihn mit der Fruchtschicht auf ein weißes Papier und stülpt ein Glas darüber. Nach einigen Stunden zeigt sich auf dem Papier eine zusammenhängende Sporenstaubschicht, deren Zeichnung zum Beispiel bei den Blätterpilzen genau den Lamellen entspricht. Die Farbe des Sporenstaubs ist für eine bestimmte Gattung charakteristisch.

Im Abbildungsteil werden nicht nur die giftigen oder gesundheitsschädlichen Pilze gezeigt und beschrieben, sondern auch ähnliche eßbare Arten, mit denen die giftigen Pilze verwechselt werden können. Die giftigen Pilze sind in der Reihenfolge angeführt, in der sie im Verlauf des Jahres vom Frühling bis zum Herbst in der Natur erscheinen. Um unnötige Wiederholungen bei der Beschreibung einiger eßbarer Pilze zu vermeiden, wird auf die Seite verwiesen, auf der die entsprechende Art ausführlich beschrieben ist.

Entstehung des Rings: a) beim Grünen Knollenblätterpilz, b) beim Champignon, c) beim Haarschleierling (beim ihm bildet sich kein häutiger Ring, vom spinnwebartigen Schleier verbleibt ein rostig gefärbtes Band aus anhaftenden Fasern).

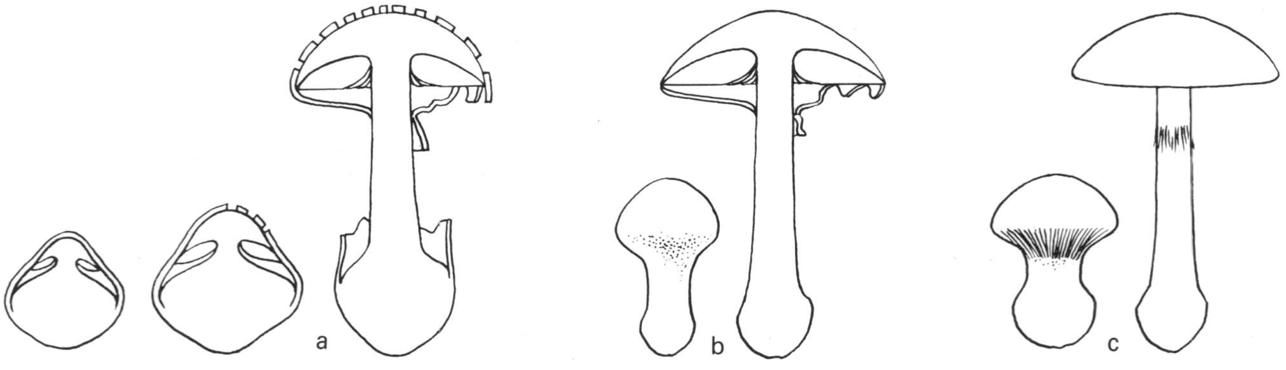

Bildtafeln

Links auf jeder Doppelseite sind giftige und ungenießbare Pilze abgebildet und beschrieben, auf der rechten Seite findet man jeweils ähnliche Speisepilze. Die Giftpilze sind in der Reihenfolge angeordnet, wie sie von Frühling bis Herbst in der Natur zu finden sind.

☠ Frühjahrslorchel, Stockmorchel

Gyromitra esculenta (Pers. ex. Pers.) Fr.

Der Hut ist 30 bis 120 mm breit und hoch, unregelmäßig kugelig, gehirnartig gefaltet, hohl, kastanien- bis dunkelbraun, mit fortschreitendem Alter dunkel bis schwarz verfärbend. Der Stiel ist zylindrisch, hohl, auf der Oberfläche grubig, weißlich, manchmal rötlich, 20 bis 60 mm hoch, 15 bis 30 mm dick. Das Fruchtfleisch ist dünn, weißlich, wäßrig, ohne besonderen Geschmack und duftet schwach pilzig. Die Sporen sind elliptisch, glatt, farblos, an den Polen mit zwei kleinen Fettröpfchen versehen und 18–22 × 8–12 μm groß. Der Pilz wächst von April bis Juni in Nadelwäldern, vor allem unter Kiefern, meistens auf Sandböden, aber auch auf Baumstümpfen, Waldwegen und an Waldrändern. Er tritt stellenweise häufig, anderswo nicht auf. Früher wurde diese Lorchel für unschädlich erachtet, gesammelt und auch gehandelt. Manchmal, vor allem im Juni, treten aber nach dem Genuß dieses Pilzes Vergiftungen auf, die medizinische Literatur verzeichnet sogar einige Todesfälle. Wir zählen ihn deshalb zu den giftigen Arten und raten vom Verzehr ab. Von den im Frühling wachsenden Lorcheln kann man ohne Bedenken nur die Riesenlorchel empfehlen, deren Genießbarkeit vollständig nachgewiesen wurde.

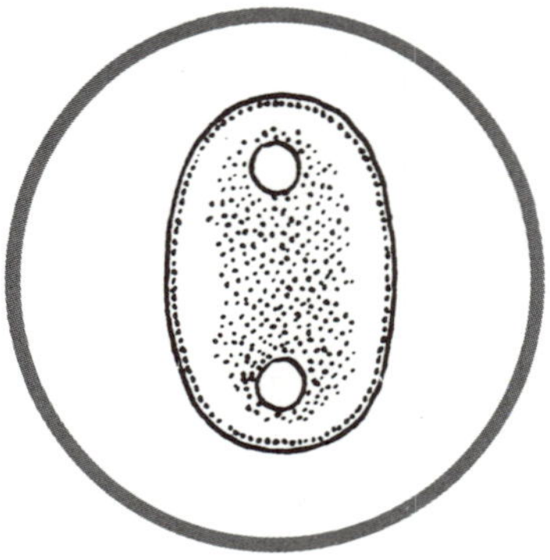

Für die Unterscheidung von Frühjahrslorchel und Riesenlorchel wird auch die mikroskopische Untersuchung der reifen Sporen herangezogen

Riesenlorchel

Neogyromitra gigas (Kromh.) Imai

Spitzmorchel

Morchella conica Pers.

Riesenlorchel
Der Hut ist unregelmäßig kugelig, oft gelappt, hohl und auf der Oberfläche gehirn- oder faltenartig gebogen, unten mit dem Rand am Stiel verwachsen, semmelfarben, ocker, olivbräunlich oder hellbraun bis braun, 60 bis 150 mm breit. Der Stiel ist sehr kurz, kräftig, hohl, unregelmäßig grubig, furchig eingedrückt, weißlich, schmutzig weiß bis hellocker. Das Fruchtfleisch ist weißlich oder hellgrau, dünn, spröde, ohne besonderen Geruch und Geschmack. Diese Lorchel wächst von April bis Mai in warmen Laub- und Mischwäldern aus stark verrottetem Holz hervor. Man findet sie auf modernden Fichtenstümpfen oder den liegenden Stämmen von Eschen, Espen und anderen Laubbäumen. Sie unterscheidet sich von der Frühjahrslorchel vor allem durch die Sporen. Diese sind glatt, farblos, gestreckt elliptisch und an den Enden mit warzigen Anhängseln versehen. Sie tragen an den Polen zwei kleinere und in der Mitte einen größeren Tropfen und sind 28–38 × 12–14 µm groß.

Spitzmorchel
Der Hut ist bis 80 mm groß, kegelförmig, braun- bis schwarzgrau, hohl, mit ausgeprägten parallellaufenden Längsrippen, die quer verbunden sind und längliche Vertiefungen umranden. Der Pilz kommt im Frühling am Waldrand in höheren Lagen vor. Von der Frühjahrslorchel unterscheidet er sich vor allem durch Gruben auf der Hutoberfläche.

Riesenlorchel

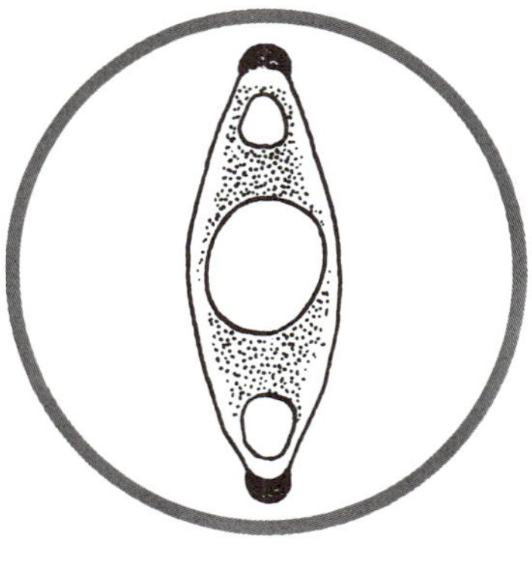

Die Sporen der Riesenlorchel sind langelliptisch, an den Enden mit warzenartigen Anhängseln und an den Polen mit zwei kleinen und in der Mitte mit einem größeren Tröpfchen versehen

Spitzmorchel

Frühjahrslorchel, Stockmorchel – Albinoform

Gyromitra esculenta var. *alba* Pilát

Der Hut ist unregelmäßig kugelförmig, gehirnartig gefaltet, hohl, er erreicht Größen bis zu 50 mm, ist weiß bis hellcremeocker und verfärbt sich beim Austrocknen an Druckstellen ein wenig braun. Der Stiel ist reinweiß, zylindrisch, auf der Oberfläche mit groben Rillen oder unregelmäßigen Gruben versehen und im oberen Abschnitt flockig warzig. Im Inneren weist er vor allem im unteren Abschnitt unregelmäßige Hohlräume auf. Das Fruchtfleisch ist dünn, weiß, wäßrig, schmeckt nicht besonders markant und riecht leicht pilzig. Dieser Pilz wächst verhältnismäßig selten von April bis Mai in Nadelwäldern. Er tritt vor allem unter Kiefern auf, die auf sandiger Unterlage wachsen. Über die Giftigkeit dieser Albinoform liegen bisher keine Unterlagen vor, sie ist aber wahrscheinlich genauso gefährlich wie die Stammform und wir empfehlen, sie nicht zu verwenden, obwohl einige Fachleute behaupten, daß die Giftstoffe durch Abbrühen beseitigt werden. Unter den Frühjahrspilzen ist die Albinoform der Frühjahrslorchel mit den helleren, jungen Fruchtkörpern der Speisemorchel oder mit den jungen Böhmischen Glockenmorcheln zu verwechseln.

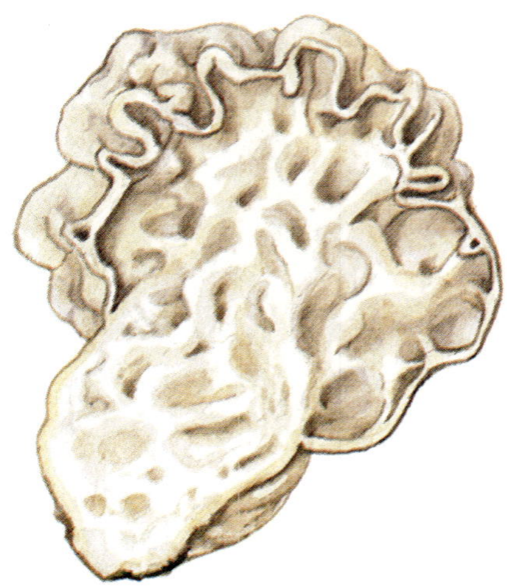

Schnitt durch den Fruchtkörper der Albinoform der Frühjahrslorchel

Morcheln – *Morchellaceae*

Speisemorchel

Morchella esculenta (L.) ex St. Am.

Morcheln – *Morchellaceae*

Böhmische Glockenmorchel, Runzelverpel

Verpa bohemica (Krombh.) Schroet.

Speisemorchel
Der Hut ist 40 bis 90 mm groß, kugel- oder eiförmig, hohl, mit einem unregelmäßigen Netz von Rippen, die kleine Gruben abteilen. Die Oberfläche ist matt und ocker- bis semmelfarben. Der Stiel ist zylindrisch, hohl, weiß, mit dem Hutrand verwachsen und im unteren Abschnitt verbreitert. Das Fleisch ist dünn, knorpelig, brüchig, weißlich, nicht sonderlich markant, aber angenehm im Geschmack und Geruch. Diese Morchel wächst recht häufig von April bis Mai in Hainen, Obstplantagen und Gärten. Sie ist eßbar und unterscheidet sich von den Lorcheln durch die Gruben auf der Hutoberfläche (Die Oberfläche der Lorcheln ist hirnartig gefurcht).

Böhmische Glockenmorchel
Der Hut ist glockenförmig, bis 40 mm hoch, dünnfleischig, bei jungen Pilzen hellocker, mit dem Stiel nur durch eine kleine Fläche an der Spitze verwachsen. Der zylindrische Stiel ist oft im Hut verborgen und steht über dessen Rand nur einige Millimeter hervor. Im Alter verfärbt sich der Hut dunkel bis braun und ist längs lappig gerippt; der Stiel wächst bis zu einer Höhe von 30 mm heran. Das Fleisch ist weißlich und schmeckt und riecht sehr angenehm nach Pilzen. Dieser Pilz wächst von März bis Mai in wärmeren Laubhainen unter Eschen, Espen, Kirschen und Ebereschen. Die Lorchel zeigt im Unterschied zur Glockenmorchel im Querschnitt den mit dem Hut verwachsenen Stiel.

Speisemorchel

Böhmische Glockenmorchel

Schnitt durch die Speisemorchel

☠ Zipfellorchel

Neogyromitra fastigiata (Krombh.)

Der Hut ist sattelförmig, aderig durchgebogen, er schließt gewöhnlich mit zwei- bis dreilappigen Zipfeln ab, auf der Oberfläche braun oder olivbräunlich, hohl, unten mit dem Stiel verwachsen und 60 bis 120 mm breit. Der Stiel ist weißlich, stark gefurcht (wie mit Strangbündeln), bereift, 30 bis 60 mm breit, im unteren Abschnitt bräunlich. Das Fruchtfleisch ist weißlich oder hellgrau, dünn, brüchig, schmeckt und riecht unauffällig. Diese Lorchel wächst im April und Mai in Laubwäldern auf kalkiger Unterlage, vor allem unter Hainbuchen, Eichen und Linden. Sie bevorzugt wärmere Lagen und ist nicht sehr zahlreich. Sie gehört zu den Pilzen, nach deren Genuß Vergiftungen auftreten können, bei denen bisher die Giftstoffe jedoch nicht bekannt sind. Die schädlichen Substanzen entstehen offensichtlich sekundär bei älteren Fruchtkörpern, die lange am Standort verbleiben. Die Zipfellorchel sollte deshalb nicht für die Küche gesammelt werden.

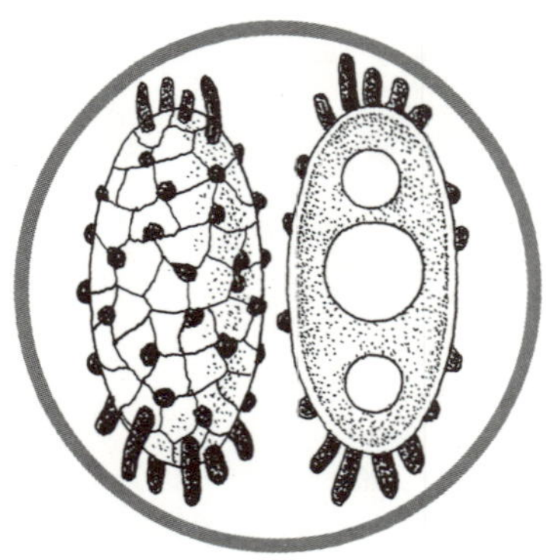

Sporen der Zipfellorchel

Riesenlorchel

Neogyromitra gigas (Kromh.) Imai

Die genaue Beschreibung der Riesenlorchel ist auf Seite 19. Dieser gute Speisepilz wächst nicht sehr häufig von April bis Mai in warmen Laub- und Mischwäldern aus moderndem Holz hervor. Er kommt von den Niederungen bis in die Vorgebirge vor und wird von den Sammlern vor allem wegen seines zeitigen Auftretens geschätzt, denn er wächst schon in einer Zeit, in der es erst wenige Speisepilze gibt. Er wird meistens Suppen und Saucen zugesetzt. Am schmackhaftesten ist er getrocknet. Durch den Trockenprozeß werden offensichtlich Duftstoffe frei, die den Speisen einen ausgezeichneten Geschmack verleihen (wir empfehlen zum Beispiel auf getrockneter Riesenlorchel zubereitetes Geflügel). Dieser Pilz ist von der gefährlichen Zipfellorchel vor allem mit Hilfe mikroskopischer Untersuchungen der gut ausgereiften Fruchtkörper zu unterscheiden. Seine Sporen sind lang elliptisch und tragen an den Enden warzige Anhängsel, sie sind glatt, farblos, an den Polen mit zwei kleineren und in der Mitte mit einem größeren Tropfen versehen und 28–38 × 12–14 μm groß; die reifen Sporen der Zipfellorchel besitzen ein Netzornament, das von warzenartigen bis dornigen Auswüchsen gebildet wird.

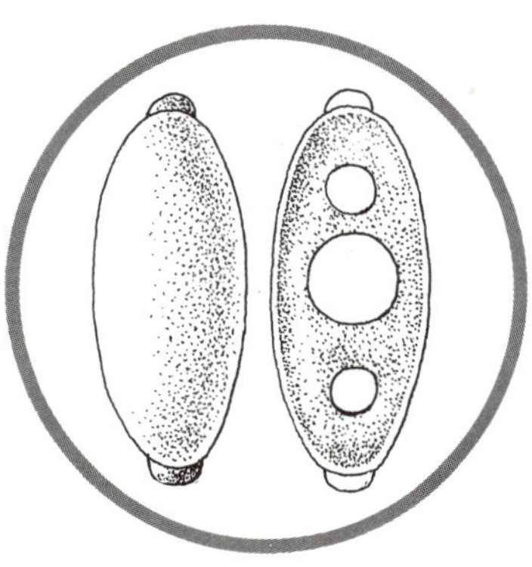

Sporen der Riesenlorchel

☠ Frühlings-Giftrötling

Nolanea verna (Lund.) Kott. et Pour.

Der Hut ist 30 bis 60 mm breit, im Jugendstadium kegelig mit einem markanten Buckel, dann bald ausgebreitet und gebogen, dünnfleischig, bei Feuchtigkeit braun, braunrot bis schwarzgrau, bei Trockenheit graubraun, seidig glänzend. Die Lamellen stehen schütter, sind hoch, am Stiel ausgeschnitten, spröde, beim Jungpilz grauocker, zur Sporenreife rosafarben. Der Stiel ist zylindrisch, schlank, oft schleifenartig gekrümmt und mit einer Längsrille versehen, hohl, spröde, brüchig, unten filzig, graubraun. Das Fruchtfleisch ist grauweiß, unveränderlich, leicht mehlig schmeckend und ohne besonderen Geruch. Dieser Pilz wächst von April bis Juni auf Weiden, Feldrainen, in Hainen und lichten Wäldern einzeln oder in größeren Gruppen. Er wächst nie in Ringen wie der Schwindling. Da er im Frühling auftritt, wenn es noch wenige Pilze gibt, wird er von ungeduldigen Sammlern manchmal mit dem Nelkenschwindling oder dem Fichtenzapfenrübling verwechselt. Der Hut des Frühlings-Giftrötlings kann dank seiner Wassersaugfähigkeit in der Färbung tatsächlich an den des Schwindlings erinnern. Der Giftrötling ist aber viel spröder, hat dichtere, rosafarbene Lamellen und einen anderen Geruch. Er ist ein mäßig giftiger Pilz.

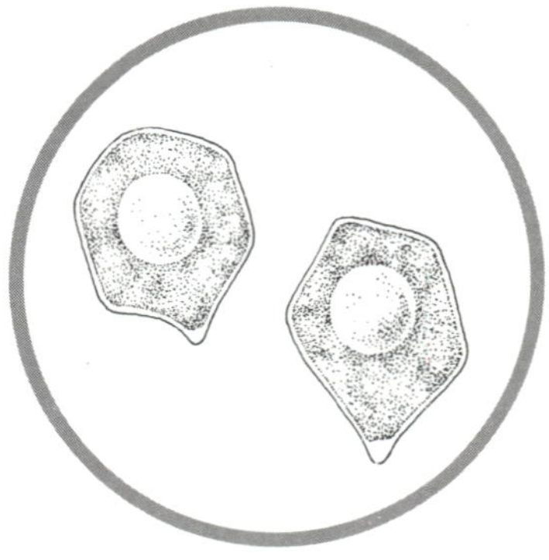

Sporen des Frühlings-Giftrötlings

Ritterpilze – *Tricholomataceae*

Nelkenschwindling, Feldschwindling

Marasmius oreades (Bolt. ex Fr.) Fr.

Ritterpilze – *Tricholomataceae*

Fichtenzapfenrübling

Strobilurus esculentus (Wulf. ex Fr.) Sing.

Nelkenschwindling
Die ausführliche Beschreibung des Nelkenschwindlings befindet sich auf den Seiten 69 und 125. Er unterscheidet sich vom Frühlings-Giftrötling durch das elastische Fleisch des Stiels, die sehr locker stehenden Lamellen, den Bittermandelgeruch und die glatten, elliptischen Sporen, die 7–9 × 4–5 µm groß sind. Die Sporen des Giftrötlings sind kantig, rosafarben und 8–11 × 7–8 µm groß.

Fichtenzapfenrübling
Der Hut erreicht Größen von 15 bis 25 mm, ist dünnfleischig, im Jugendstadium gewölbt, später ausgebreitet, hellbraungrau bis dunkelbraun und vollkommen glatt. Die Lamellen sind dünn, sehr dicht, anfangs weißlich, später grau. Der Stiel ist dünn, lang, glatt, unter der Erde wie behaart, hellocker. Das Fruchtfleisch ist sehr dünn, weißlich, unveränderlich, schmeckt angenehm und duftet schwach pilzig. Der Rübling tritt am häufigsten im zeitigen Frühjahr vor allem in feuchten Fichtenwäldern von den Niederungen bis in die Berge auf. Er wächst aus verrottenden, im Boden liegenden Zapfen und gehört zu den guten Speisepilzen. An grasbestandenen Fichtenwaldrändern wird er manchmal von Sammlern mit dem Frühlings-Giftrötling verwechselt, denn beide Pilze wachsen in der gleichen Jahreszeit. Die Pilze sind aber leicht an den Sporen voneinander zu unterscheiden (die des Rötlings sind kantig und rosafarben, die des Rüblings sind glatt, elliptisch und farblos). Ältere Fruchtkörper des Frühlings-Giftrötlings erkennt man an der Dichte und Färbung der Lamellen.

Nelkenschwindling

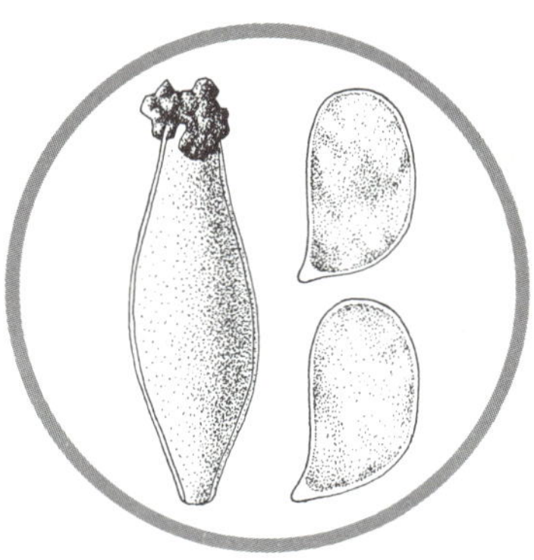

Sporen und Zystiden des Fichtenzapfenrüblings

Fichtenzapfenrübling

Ziegelroter Rißpilz, Mairißpilz

Inocybe patouillardii Bres.

Der Hut ist 30 bis 100 mm breit, im Jugendstadium eiförmig, bald glockenförmig, oft gebogen, später mit geradem Rand und einem deutlichen Buckel an der Spitze, flach ausgebreitet, strahlenartig aufgerissen. Die Huthaut ist beim Jungpilz weißlich, seidig glänzend, an Druckstellen und im Alter zinnoberrot gefleckt, aufgerissen. Die Lamellen sind am Stiel ausgebuchtet, dicht, jung weißlich, bald oliv gräulich, dann dunkelocker, rötlich gefleckt, an der Schneide weißlich flockig. Der Stiel ist zylindrisch, fest, voll, anfangs weiß, später rot fleckig bis ganz rotbraun, längs gefasert. Das Fruchtfleisch ist weiß, verfärbt sich im Schnitt stellenweise rot, schmeckt mild und riecht schwach nach Obst. Dieser Pilz wächst von Mai bis Juli in Parks, Gärten, Laubwäldern und auch unter einzelnen Laubbäumen, vor allem unter Linden, Eichen, Buchen und Hainbuchen. Er bevorzugt wärmere Lagen und kalkige Unterlagen. Unter günstigen Bedingungen tritt er in ganzen Scharen auf. Er ist ein stark giftiger Pilz, der 500mal mehr Muskarin enthält als der Rote Fliegenpilz. Die tödliche Dosis beträgt 100 bis 500 g Frischpilze. Die Vergiftung äußert sich bald nach dem Verzehr durch Speicheln, Herzklopfen, Beklemmungsgefühle in der Herzgegend und schließlich durch Nachlassen der Herztätigkeit. Ohne sofortige ärztliche Hilfe stirbt der Betroffene, Atropingaben retten ihm aber meistens das Leben. Der Ziegelrote Rißpilz wird oft mit dem Maipilz verwechselt, denn beide Arten wachsen im Frühling und können an ähnlichen Standorten auftreten.

Junger Fruchtkörper des Ziegelroten Rißpilzes

Maipilz, Mairitterling

Calocybe gambosa (Fr.) Donk

Die genaue Beschreibung ist auf Seite 131. Der Maipilz wächst häufig von April bis Juni vor allem im Gras an Waldrändern, an Wegen, in Gärten und Parks, vor allem unter Laubbäumen und Sträuchern, von den Niederungen bis in die Vorgebirge. Stellenweise ist er auf grasbewachsenen Flächen, Wiesen und Weiden zu finden, selten auf kahlem Waldboden und auch im Herbst. Dieser gute Speisepilz eignet sich für die Zubereitung verschiedenster Gerichte. Der Jungpilz ähnelt stark dem giftigen Ziegelroten Rißpilz. Dieser ist etwas kleiner, weist bald rötliche Lamellen auf und verfärbt sich an Schadstellen und im Alter ziegelrot, während der Maipilz immer weißliche, sehr dichtstehende, auffallend niedrige Lamellen hat, die mit einem Zähnchen in den Stiel übergehen. Er unterscheidet sich vom Ziegelroten Rißpilz außerdem durch seinen intensiven, angenehm mehligen Geruch.

Junger Fruchtkörper des Maipilzes

☠ Rötender Rißpilz

Inocybe godeyi Gill.

Der Hut mißt im Durchmesser 20 bis 50 mm, ist beim Jungpilz stumpf glockenförmig, später weit gewölbt bis flach ausgebreitet, mit einer stumpfen Spitze. Die Huthaut ist faserig, weißlich, an Druckstellen und im Alter rot gefleckt, an den Rändern aufgerissen. Die Lamellen sind dicht, frei, später braunoliv bis rostfarben mit weißlicher Schneide, an Druckstellen rot gefleckt. Der Stiel ist zylindrisch, nur 10 mm breit und weist unten eine deutliche, meist abgesetzte Knolle auf. Er ist seidig faserig, weiß bereift, später fleischig rötlich. Das Fruchtfleisch ist weiß, verfärbt sich an Schadstellen und im Alter rötlich, riecht leicht nach Obst (manchmal auch schwach spermatisch) und schmeckt unauffällig. Dieser Pilz wächst von Juni bis September in Laub- und Nadelwäldern meist auf kalkigen Böden. Er tritt sehr häufig und überwiegend unter Eichen und Hainbuchen auf. Er ist giftig und enthält weniger Muskarin als der Ziegelrote Rißpilz. Jungpilze werden oft mit Nelkenschwindlingen verwechselt und rufen leichtere Muskarinvergiftungen hervor.

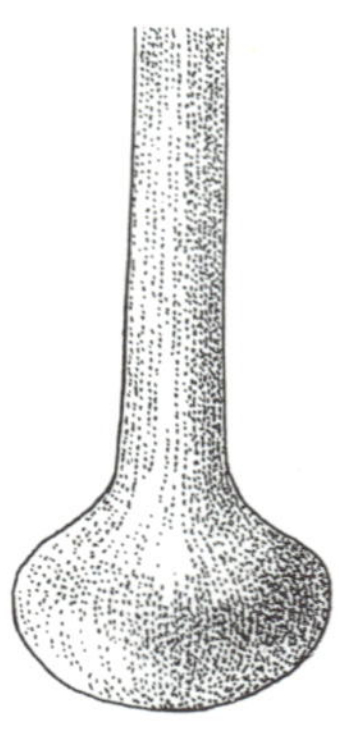

Der zylindrische Stiel des Rötenden Rißpilzes schließt mit einer sichtbar abgesetzten Knolle ab

Nelkenschwindling, Feldschwindling

Marasmius oreades (Bolt. ex Fr.) Fr.

Die ausführliche Beschreibung des Nelkenschwindlings befindet sich auf den Seiten 69 und 125. Man findet ihn von Mai bis Oktober auf Wiesen, Weiden, Feldrainen, in grasigen Wäldern, an Wegrändern, in Gärten, aber auch in reinen Fichtengehölzen auf dem kahlen Boden an. Er wächst in Kreisen oder umfangreichen Gruppen und ist von den Niederungen bis in die Gebirge zahlreich. Der Schwindling ist ein ausgezeichneter Speisepilz und besonders zur Zubereitung von Suppen geeignet. Gesammelt werden nur die Hüte, denn die Stiele sind ziemlich zäh und schwer verdaulich. Beim Sammeln im Walde muß jeder Fruchtkörper genau bestimmt werden. Die Lamellen des Schwindlings stehen schütter, er hat einen dünnen, elastischen Stiel und einen angenehmen Bittermandelgeruch, den kein Rißpilz aufweist.

Der Nelkenschwindling hat einen zylindrischen, langen, dünnen Stiel

☠ Kronenbecherling

Sarcosphaera crassa (Santi et Steud.) Pouz.

Der Fruchtkörper sieht anfangs einer Hohlkugel ähnlich und erreicht unter der Bodenoberfläche einen Durchmesser bis zu 120 mm. Sobald er aus dem Boden hervorwächst, platzt er an der Spitze auf und bildet vier bis acht unregelmäßige Zipfel, die an eine Tulpenblüte erinnern. Die innere, fruchtbare Seite ist anfangs hellviolett, im Alter violettlich braun. Die äußere, sterile Seite des Fruchtkörpers ist beim Jungpilz weißlich, später dann ockerfarben und schließlich violettbraun, filzig. Der Stiel entwickelt sich meistens nicht. Das Fruchtfleisch ist spröde, knorpelig, weiß, bis 5 mm stark, schmeckt unauffällig und riecht schwach nach Karbolineum. Dieser Pilz ist selten und wächst von Mai bis Juni in Nadel- und Mischwäldern von den Niederungen bis in die Vorgebirge, meistens auf schweren Lehmböden. Er tritt an den Standorten dann in großen Mengen auf. Für die Küche zu Speisezwecken ist dieser schöne Pilz nicht zu empfehlen, denn er kann mittelschwere Vergiftungen hervorrufen.

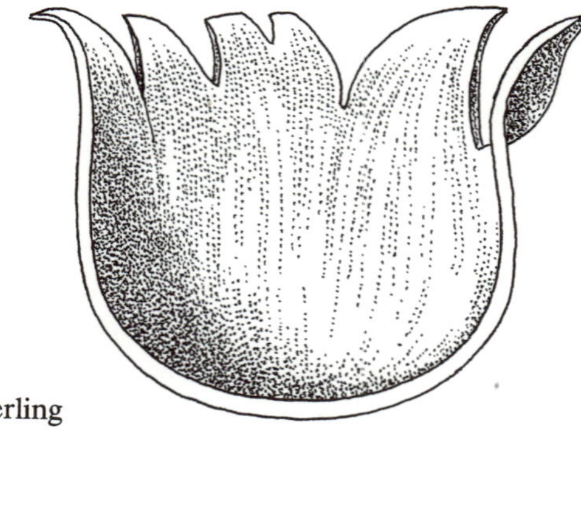

Schnitt durch den Kronenbecherling

Lorcheln – *Helvellaceae*

Großer Scheibenbecherling

Discina perlata (Fr.) Fr.

Morcheln – *Morchellaceae*

Morchelbecherling, Flatschmorchel

Disciotis venosa (Pers.) Boud.

Becherpilze – *Pezizaceae*

Blasiger Becherling

Peziza vesiculosa Bull. ex. St. Am.

Großer Scheibenbecherling
Der Fruchtkörper wird 50 bis 120 mm groß, er ist schüsselförmig, im Alter flach ausgebreitet, lappig, durchgebogen, unterseits weißlich, innen tabakbraun. Er wächst aus einem kurzen Stiel hervor, mit dem er durch auseinanderlaufende Rippen verbunden ist. Dieser verbreitete Pilz wächst von April bis Mai in Nadelwäldern aus den verrotteten Stümpfen der Nadelgehölze hervor. Er ist ein guter Speisepilz, kleiner als der Kronenbecherling, nie violett gefärbt.

Morchelbecherling
Der Fruchtkörper ist 60 bis 200 mm groß, ockerfarben bis gelbbraun, lappig ausgebreitet, durchgebogen, unterseits hellflaumig, mit strahlen- und wurzelartig auseinanderlaufenden Rippen versehen. Der Stiel ist sehr kurz und im Boden versenkt. Das Fruchtfleisch ist brüchig, zäh, wachsig, schmeckt nicht markant und riecht nach Karbolineum. Dieser Becherling wächst von April bis Mai an warmen, grasbestandenen Lokalitäten, meistens aus Pestwurzresten hervor. Er ist ein schmackhafter Speisepilz und weist nie eine violette Fruchthaut auf.

Blasiger Becherling
Der Fruchtkörper ist 30 bis 100 mm groß. Er gleicht im Jugendstadium einer kleinen Kugel. Allmählich erweitert sich am Scheitel eine Öffnung, so daß schließlich eine dünnwandige, hellocker gefärbte Schale entsteht, die im Alter eine durchgebogene Scheibe bildet. Dieser Pilz wächst überwiegend im Sommer auf gedüngten Böden. Er ist eßbar und unterscheidet sich vom Kronenbecherling wiederum durch die Fruchtschicht, die nicht violett ist.

Großer Scheibenbecherling

Morchelbecherling

Blasiger Becherling

☠ Zitronengelber Knollenblätterpilz

Amanita gemmata (Fr.) Gill

Der Hutdurchmesser beträgt 25 bis 90 mm, ist beim Jungpilz halbkugelig, bald breit gewölbt bis flach, strohgelb oder hellockerfarben, ausbleichend, am Rand gerieft. Die Huthaut ist bei Feuchtigkeit klebrig, bei Trockenheit glänzend, abziehbar, schütter mit unregelmäßigem, weißlichem Schorf bedeckt, der von der äußeren Hülle des Pilzes stammt. Die Lamellen stehen dicht, sie sind abgerundet, dauerhaft reinweiß und frei. Der Stiel ist gerade, ausbrechbar, zylindrisch und unten zu einer zwiebelförmigen Knolle verdickt, die von einer niedrigen, verschwindenden Scheide umhüllt wird. Im oberen Drittel befindet sich ein zarter, abfallender, weißer, häutiger Ring. Das Fruchtfleisch ist weiß, unveränderlich, unter der Huthaut gelblich, es riecht unauffällig und schmeckt schwach nach Rettich. Dieser Pilz wächst von Juni bis Oktober in Laub- und Nadelwäldern von den Niederungen bis in die Gebirge, vor allem in sandigen Kieferngehölzen und auf den Dämmen von Teichen. Er kommt nicht häufig und in manchen Gebieten überhaupt nicht vor. Er gehört zu den mäßig giftigen Pilzen, die leicht verlaufende Vergiftungen hervorrufen können.

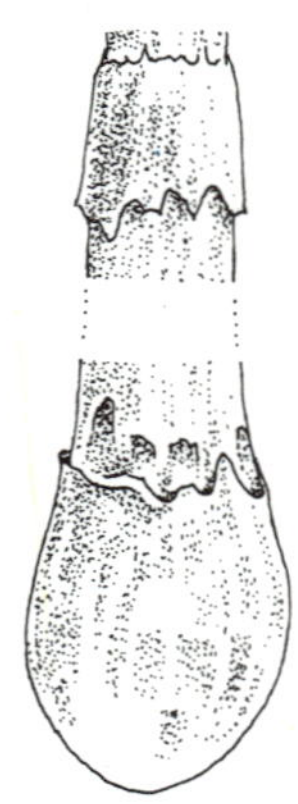

Der Zitronengelbe Knollenblätterpilz trägt am oberen Teil des Stiels einen häutigen Ring, der sich ablöst; der untere Abschnitt des Stiels schließt mit einer verdickten Knolle ab, die mit einer vergänglichen Scheide umgeben ist

Edelpilze – *Agaricaceae*

Weißer Anischampignon, Schafchampignon

Agaricus arvensis Schaeff. ex Fr.

Der Hut ist im Jugendstadium eiförmig, reinweiß, seidig glänzend, auf der Oberfläche trokken, verfärbt sich an Berührungsstellen und im Alter langsam gelb und erreicht Breiten von 50 bis 140 mm. Die Lamellen sind lange blaß, verfärben sich später über fleischig gräuliche, schokoladefarbene bis zu schwarzbraunen Tönen. Sie stehen dicht und frei und werden beim Jungpilz von einem weißen häutigen Schleier bedeckt, der sich mit fortschreitendem Alter in einen abstehenden, häutigen, von unten flockig weißen oder gelben Ring verwandelt. Der Stiel ist recht lang, ausbrechbar, zylindrisch, im Unterabschnitt knollig erweitert, glatt, im Alter hohl, weiß. Das Fruchtfleisch ist weiß und riecht nach Anis. Es ist schmackhafter als das der gezüchteten Champignons. Der Pilz wächst von Mai bis zum Herbst in Laub-, Misch- und Nadelwäldern mit ausreichendem Humusgehalt. Wir finden ihn selten auch auf Wiesen und in Gärten. Dieser ausgezeichnete Speisepilz wird auch gehandelt. Er findet in der Küche vielseitige Verwendung. Vom Zitronengelben Knollenblätterpilz ist er im Alter leicht an den dunklen Lamellen, am Fehlen der Scheide des unteren Stielabschnitts und am bei Berührung vergilbenden Hut zu unterscheiden.

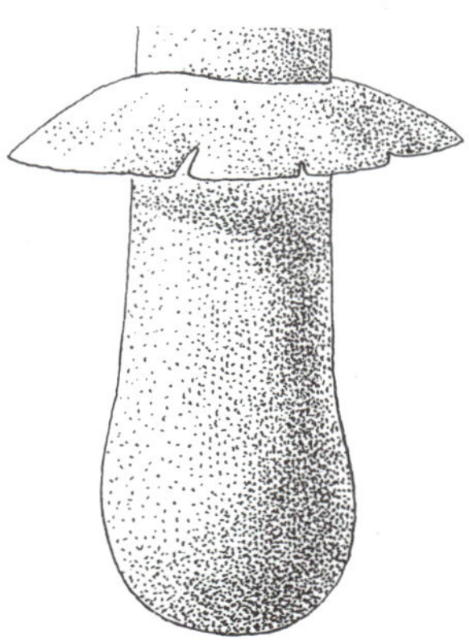

Der Weiße Anischampignon trägt am oberen Stielabschnitt ebenfalls einen weißen häutigen Ring; die Stielbasis ist knollig erweitert, aber nie mit einer Scheide versehen

☠ Weißer Knollenblätterpilz

Amanita verna (Bull.) Pers.

Der Hut mißt im Durchmesser 60 bis 120 mm, ist beim Jungpilz halbkugelig, später glockenartig gewölbt, im Alter flach gewölbt, reinweiß, seidig glänzend, bei Feuchtigkeit schlüpfrig, glatt. Die Lamellen sind dicht, weiß und am Stiel nur kurz angewachsen. Der Stiel ist zylindrisch, unten leicht verdickt, wächst aus einer weißen, freien Scheide hervor, ist glatt, kahl und trägt im oberen Drittel einen weißen, hängenden Ring. Das Fruchtfleisch ist weiß, riecht anfangs angenehm, später unangenehm und schmeckt ausgezeichnet. Der Pilz wächst verhältnismäßig selten von Juni bis Oktober, meistens in Laubwäldern niederer Lagen. Manche Spezialisten betrachten ihn lediglich als albinotische Abart des Grünen Knollenblätterpilzes. Auch die Vergiftungen sind ebenso schwerwiegend. Er kann leicht mit einigen Champignon- und Schirmpilzarten verwechselt werden.

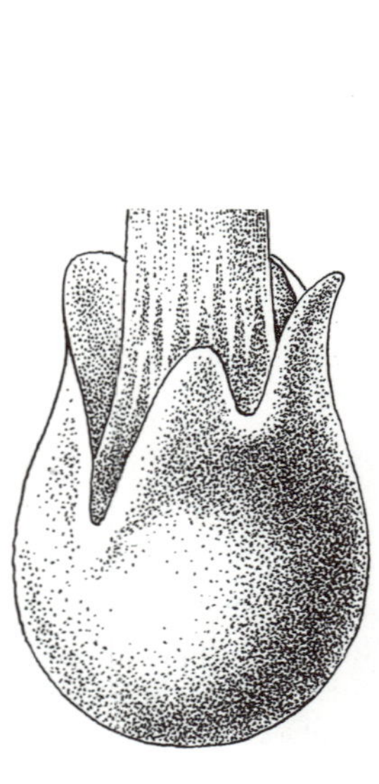

Der Weiße Knollenblätterpilz trägt am unteren Stielende eine zipfelige Scheide.

Edelpilze – *Agaricaceae*

Rosenblättriger Egerlingschirmling

Lepiota leucothites (Vitt.) P. D. Orton

Edelpilze – *Agaricaceae*

Weißer Anischampignon, Schafchampignon

Agaricus arvensis Schaeff. ex Fr.

Rosenblättriger Egerlingschirmling
Der Hut ist 50 bis 100 mm breit, weiß, im Jugendstadium flaumig, später glatt. Die Lamellen sind beim Jungpilz weiß, später rosafarben. Der Ring ist schlaff, verschwindend, nicht verschiebbar. Der Stiel ist ausbrechbar, weiß, glatt, hohl und zylindrisch. Das Fruchtfleisch ist beständig reinweiß, unveränderlich, riecht stark nach Obst und schmeckt angenehm. Der Pilz wächst verstreut von August bis Oktober an grasbewachsenen Stellen, auf Feldern und an Waldrändern. Er gehört zu den guten Speisepilzen. Vom Weißen Knollenblätterpilz unterscheidet man ihn am besten durch seine rosafarbenen Lamellen und das Fehlen der Scheide am unteren Stielende.

Weißer Anischampignon
Der Hut ist 50 bis 140 mm breit, beim Jugendstadium oval, beim Altpilz gewölbt bis flach, weißlich oder cremefarben, an Druckstellen gelblich. Die Lamellen stehen dicht, frei, sind lange hell, später fleischig gräulich und im Alter schwarzbraun gefärbt. Der Stiel ist zylindrisch, weiß und im oberen Drittel mit einem häutigen Ring versehen. Das Fruchtfleisch ist weich, weiß, unveränderlich, schmeckt angenehm pilzig und riecht markant nach Anis. Der Pilz wächst von Mai bis Oktober in humusreichen Nadel- und Mischwäldern niedriger bis höherer Lagen. Er gehört zu den begehrten Speisepilzen, die auf verschiedene Art zubereitet werden. Er unterscheidet sich vom Weißen Knollenblätterpilz vor allem dadurch, daß er weder eine Scheide noch dauerhaft weiße Lamellen besitzt.

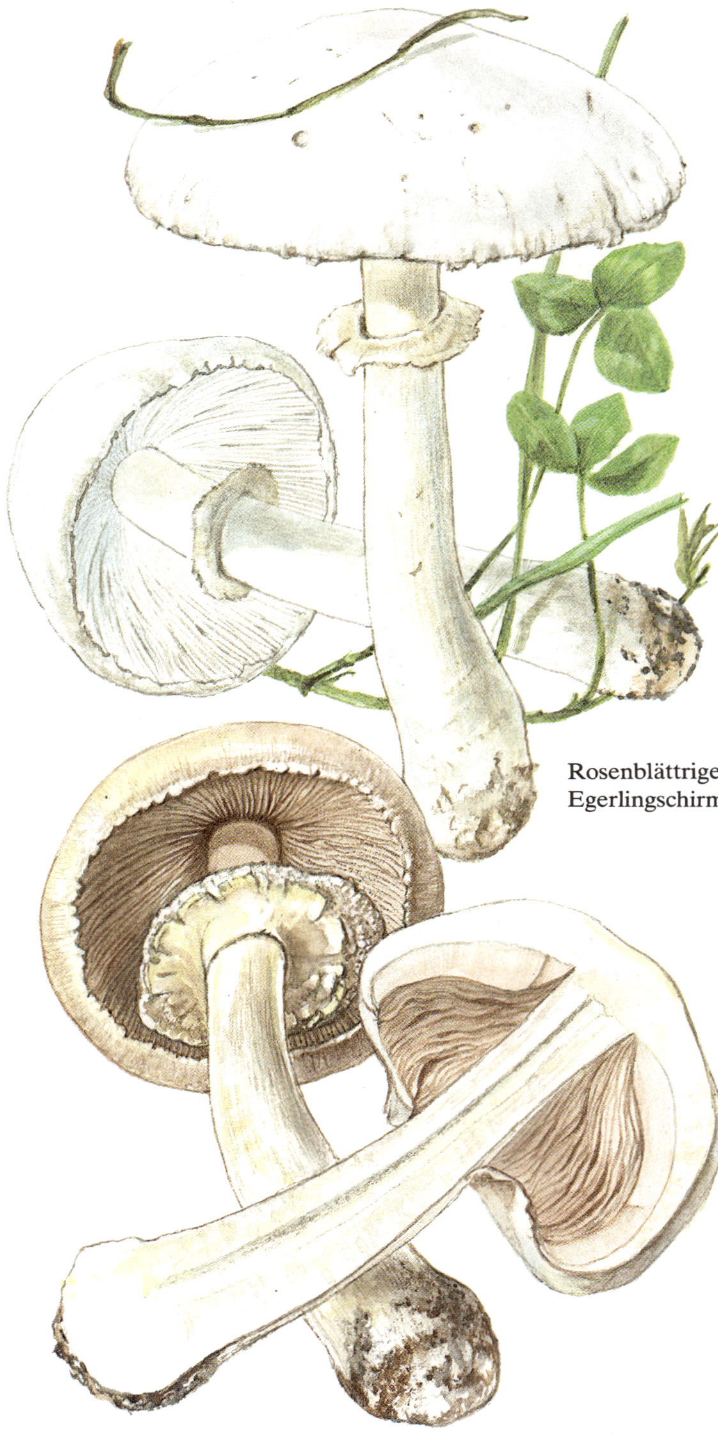

Rosenblättriger Egerlingschirmling

Weißer Anischampignon

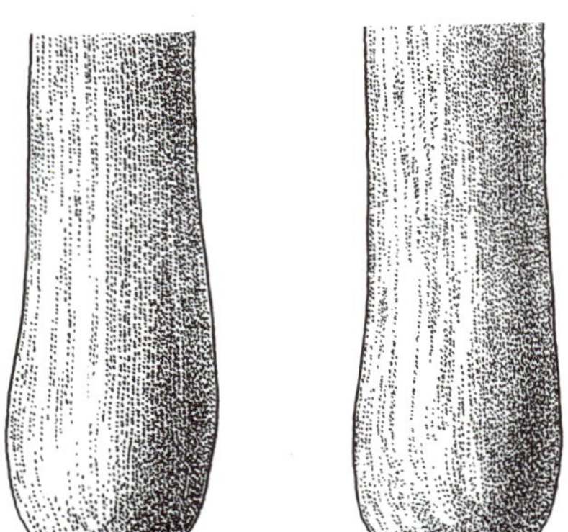

Schirmpilze (links) und Champignons (rechts) haben keine Scheide

Kegeliger Rißpilz

Haarschleierpilze – *Cortinariaceae*

Inocybe fastigiata (Schaeff. ex Fr.) Quél.

Der Hut ist 30 bis 60 mm breit, beim Jungpilz schmal kegelförmig, beim Altpilz gewölbt ausgebreitet und mit einem spitz hervorstehenden Buckel versehen, ockerbraun bis braun, markant strahlenartig faserig bis gerillt, bald radial aufgeplatzt, dünnfleischig. Die Lamellen sind frei, mittelmäßig dicht, leicht bauchig, im Jugendstadium weißlich, später olivgelb bis braun, an der Schneide weißlich. Der Stiel ist zylindrisch, unten manchmal ein wenig verdickt, voll, faserig, weißlich, oben weiß flockig. Das Fruchtfleisch ist ziemlich fleischig, weißlich, unveränderlich, schmeckt nicht besonders und riecht spermatisch. Dieser Pilz wächst recht häufig von den Niederungen bis in die Vorgebirge von Juni bis Oktober in Nadel- und Laubwäldern, auf Waldwegen und in Gräben. Er gehört zu den giftigen Arten mit größerem Muskaringehalt und kann somit ernstere Vergiftungen verursachen. Er ist sehr veränderlich und deshalb recht gefährlich. Es sind Vergiftungen durch Verwechslungen mit dem Nelkenschwindling, dem Waldfreund-Rübling, Lacktrichterlingen und anderen kleinen Pilzen bekannt. Beim Sammeln sollten deshalb mehrere Kennzeichen beachtet werden, wie der spermatische Geruch, der Charakter der Lamellen und die besondere Hutgestalt.

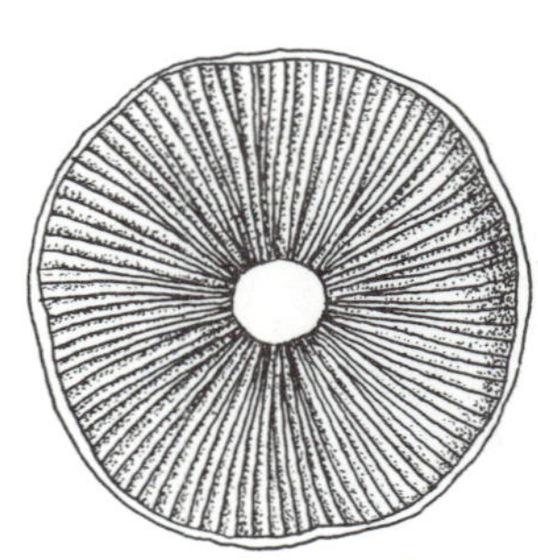

Unterer Hutabschnitt des Kegeligen Rißpilzes

Ritterpilze – *Tricholomataceae*

Nelkenschwindling, Feldschwindling

Marasmius oreades (Bolt. ex Fr.) Fr.

Ritterpilze – *Tricholomataceae*

Waldfreund-Rübling, Gemeiner Rübling

Collybia dryophila (Bull. ex Fr.) Kumm.

Nelkenschwindling
Der Nelkenschwindling ist ausführlich auf den Seiten 69 und 125 beschrieben. Man unterscheidet ihn vom Kegeligen Rißpilz durch den Bittermandelgeruch und den elastischen Stiel.

Waldfreund-Rübling
Der Hut hat einen Durchmesser von 20 bis 40 mm, ist beim Jungpilz halbkugelig und am Rand eingerollt, bald ausgebreitet gewölbt bis eingedrückt, an den Rändern gebogen, hellokkerfarben oder gelbbraun, glatt, dünnfleischig. Die Lamellen sind sehr dicht, dünn, mit einem Zähnchen am Stiel befestigt, weiß, später hellcremefarben. Der Stiel ist gerade, dünn, röhrenförmig, glatt, kahl, ockerfarben oder rotbraun. Das Fruchtfleisch ist sehr dünn, weißlich, unveränderlich, schmeckt und riecht angenehm schwach pilzig. Der Pilz wächst von Mai bis Oktober in verschiedenen Pflanzengesellschaften von den Niederungen bis in die Gebirge. Bei guten klimatischen Bedingungen kommt er in großer Menge vor. Er ist in der Küche gut verwendbar, man sammelt jedoch nur die Hüte jüngerer Pilze. Der Waldfreund unterscheidet sich vom Rißpilz durch den angenehm pilzigen Geruch und die sehr dichten Lamellen.

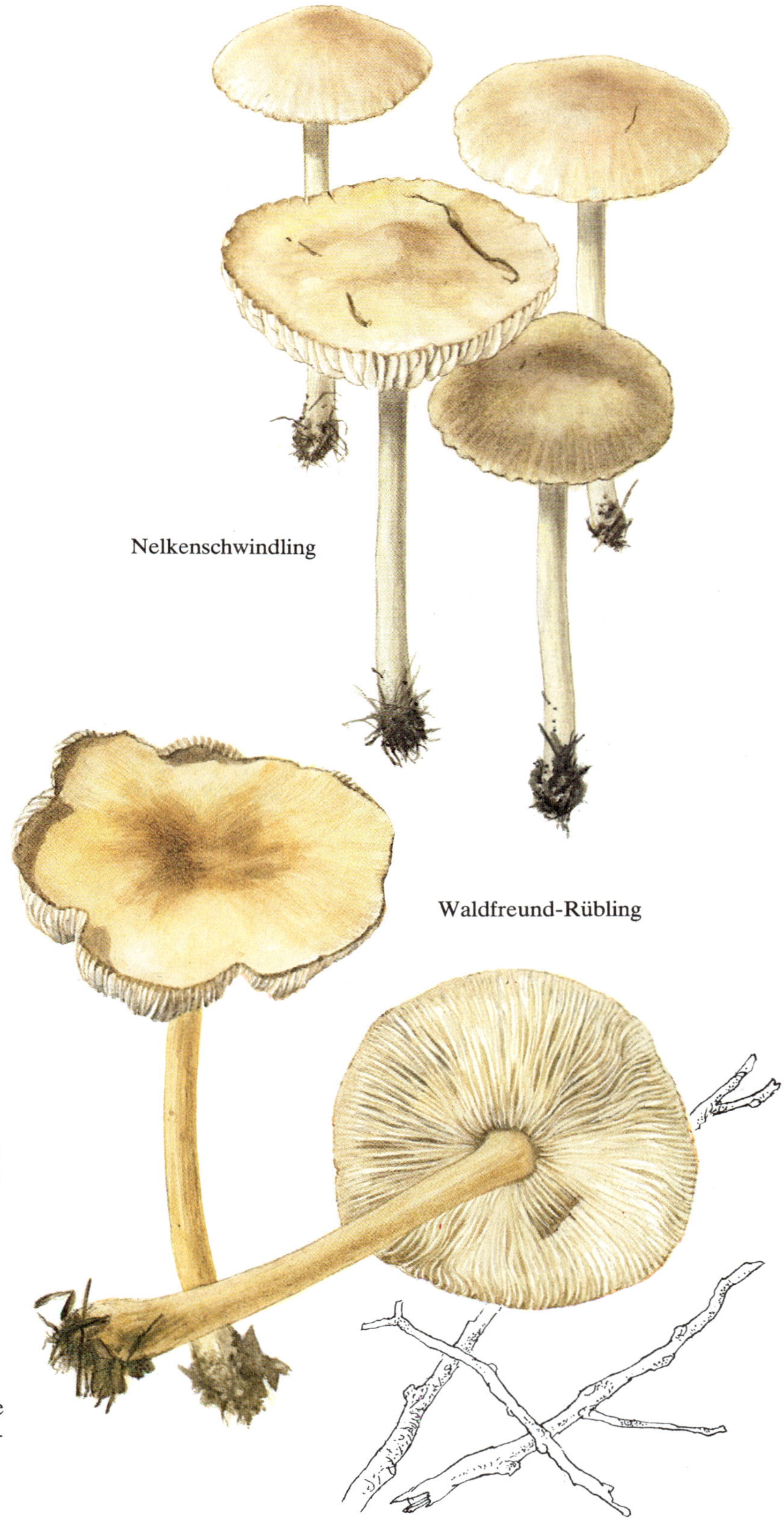

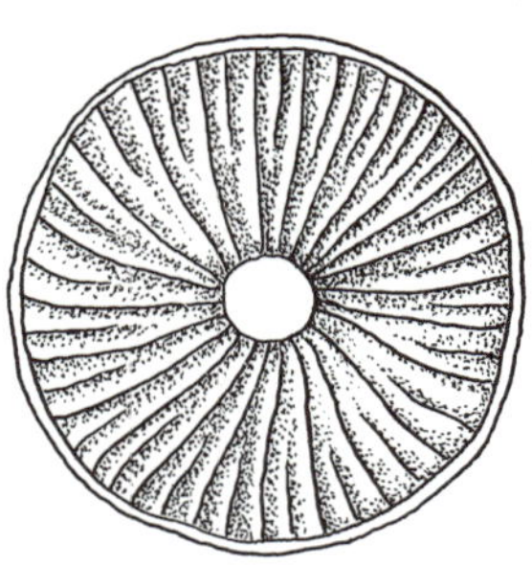

Entferntstehende Lamellen des Nelkenschwindlings

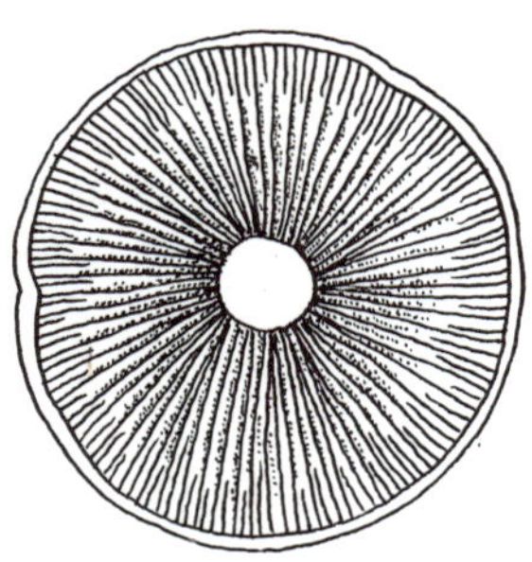

Sehr gedrängtstehende Lamellen beim Waldfreund-Rübling

☠ Niedergedrückter Rötling

Entoloma rhodopolium (Fr.) Kumm.

Der Hut ist 40 bis 100 mm breit, im Jugendstadium glockenförmig mit stark eingerolltem Rand, später gewölbt bis flach mit einem stumpfen Buckel und in der Mitte eingedrückt, schmutzig ockerfarben, graubraun, verwachsen faserig, bei Trockenheit glänzend, bei Feuchtigkeit klebrig, kahl und dunkel verfärbend. Die Lamellen sind schütter, recht hoch, über ein Zähnchen mit dem Stiel verbunden, bei Jungpilzen weißlich, bald rosa verfärbend und im Alter fleischig rosa. Der Stiel ist zylindrisch, zäh, voll und seidig weiß. Das Fruchtfleisch ist weißlich, unveränderlich, schmeckt und riecht gurkig mehlig. Der Pilz wächst vereinzelt von Juli bis Oktober in Laubwäldern, Hainen und Gärten, meistens unter Rot- und Hainbuchen. Er ist weniger giftig als der Riesenrötling (siehe Seite 104), verursacht aber trotzdem mit Erbrechen und Durchfällen verbundene Beschwerden. Er ist dem Schildrötling recht ähnlich, wächst aber ein wenig später. Da die Gefahr besteht, beide Arten zu verwechseln, sollte man Schildrötlinge niemals in Parks und Wäldern sammeln. Wir empfehlen das Sammeln nur in Gärten unter Bäumen, die zur Familie Rosengewächse gehören.

Der Niedergedrückte Rötling wächst in Laubwäldern, oft unter Buchen und Hainbuchen

Schildrötling, Geflammter Rötling

Entoloma clypeatum (L. ex Hook.) Kumm.

Der Hut hat einen Durchmesser von 30 bis 120 mm, er ist im Jugendstadium glockenförmig, der Rand ist eingerollt, bald ist er ausgebreitet gewölbt und trägt einen abgerundeten Buckel, die Huthaut ist bei Feuchtigkeit dunkler und schlüpfrig, bei Trockenheit glänzend, weißlich bis graubraun. Die Lamellen sind schütter, hoch, durch ein Zähnchen mit dem Stiel verbunden, beim Jungpilz weißlich, dann rosa verfärbend und im Alter fleischrosa. Der Stiel ist zylindrisch, oft gebogen, fest, faserig, weißlich und glänzend. Das Fruchtfleisch ist weißlich bis grau, unveränderlich, schmeckt und riecht gurkig mehlig. Der Schildrötling wächst von April bis Juni in Plantagen, Parks und Gärten unter Bäumen der Familie Rosengewächse (Kirsche, Schlehe, Pflaume, Birne, Apfel, Weißdorn u.a.), meistens in großen Gruppen. Experten unterteilen diese Pilze vor allem nach den Bäumen, unter denen sie wachsen, in mehrere neue Arten. Für die kulinarische Verwendung ist diese Untergliederung belanglos. Alle Arten sind genießbar, einige von ihnen aber schwer zu unterscheiden. Rötlinge sollten nicht im Wald oder Park unter Rot- oder Hainbuchen gesammelt werden, da dort außer dem Schildrötling der sehr ähnliche Niedergedrückte Rötling wächst.

Den Schildrötling sammelt man nur unter Bäumen und Sträuchern, die zu den Rosengewächsen gehören

☠ Perlhuhnchampignon

Agaricus meleagris J. Schaeff.

Der Hut hat einen Durchmesser von 50 bis 110 mm, er ist anfangs fast glockenförmig, später gewölbt, schon beim jungen Pilz an der Spitze abgeflacht, ockerfarben graubraun bis rauchschwarz, manchmal lehmbraun, die Haut platzt bald zu angedrückten Schuppen auf, die regelmäßig dachziegelartig angeordnet, dunkler braun, graubraun bis rauchschwarz gefärbt sind. Das zwischen den Schuppen durchscheinende Fruchtfleisch ist weißlich. Die Lamellen sind im Jugendstadium fast weiß, später rosafarben. Sie verwandeln sich durch die heranreifenden Sporen rotschokoladefarben bis schwarz, stehen recht dicht und frei. Der Stiel ist zylindrisch, unten verdickt, manchmal bis abgesetzt knollig, unten oft gebogen. Er trägt im oberen Drittel einen großen, dünnhäutigen, im Alter hängenden Ring. Das Fruchtfleisch ist weiß, im Hut ziemlich dick, verfärbt sich in der Basis an Schnittstellen auffallend orangegelb, erinnert im Geruch an Gallustinte und schmeckt nicht unangenehm säuerlich. Vor allem bei Wärmebehandlung tritt ein Geruch nach Karbolineum auf. Der Pilz wächst verhältnismäßig selten von Juli bis September in Mischwäldern. Er ruft Verdauungsbeschwerden hervor und wird in der mykologischen Literatur als schwach giftig angegeben.

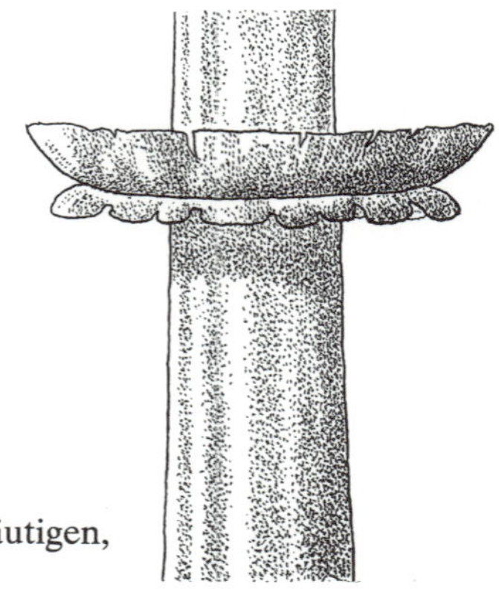

Der Perlhuhnchampignon trägt einen dünnhäutigen, anfangs doppelten Ring

Edelpilze – *Agaricaceae* **Safranschirmling, Rötender Riesenschirmling**

Macrolepiota rhacodes (Vitt). Sing.

Edelpilze – *Agaricaceae* **Riesenchampignon, Riesenegerling**

Agaricus augustus Fr.

Safranschirmling
Der Hut ist 90 bis 140 mm breit, halbkugelig, später gewölbt bis flach und dicht mit großen, abstehenden bräunlichen Schuppen bedeckt. Die Lamellen stehen dicht, sind hoch, weiß und verfärben sich an Schadstellen rötlich. Der Stiel ist zylindrisch, unten knollig erweitert, leicht ausbrechbar, beim Jungpilz weiß, im Alter bräunlich und mit einem häutigen Ring versehen. Das Fruchtfleisch ist weiß, verfärbt sich an Schadstellen rötlich, schmeckt angenehm und riecht pilzig. Der Pilz wächst zahlreich von Juni bis Oktober in Mischwäldern. Er ist ein ausgezeichneter Speisepilz, der durch seine weißen Lamellen und den angenehmen Geruch des Fruchtfleisches sicher vom Perlhuhnchampignon zu unterscheiden ist.

Riesenchampignon
Der Hut erreicht Breiten von 100 bis 250 mm, ist beim Jungpilz halbkugelig, später flach, strohgelb, mit rostbraunen, anliegenden Schuppen bedeckt. Die Lamellen stehen dicht, sind frei, grauweiß und im Alter schokoladebraun. Der Stiel ist zylindrisch, mächtig, weiß, später strohgelblich, ausbrechbar und mit einem mächtigen Ring versehen. Das Fruchtfleisch ist weiß, unveränderlich, schmeckt köstlich und duftet angenehm nach Anis. Dieser Pilz ist seltener und wächst von Juli bis Oktober in warmen Laub- und Nadelwäldern. Er gehört zu den ausgezeichneten Speisepilzen mit intensivem Anisgeruch, durch den er sich hauptsächlich vom Perlhuhnchampignon unterscheidet.

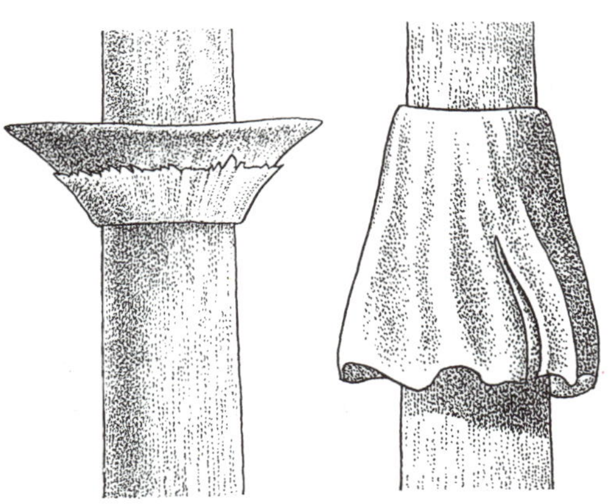

Der Safranschirmling (links) hat einen weißen, wattigen, freien, am Stiel verschiebbaren Ring.
Der Riesenchampignon (rechts) hat einen mächtigen, weichhäutigen, oben glatten, unten flockigen Ring, der wie ein Röckchen nach unten hängt

Karbolegerling, Giftchampignon

Agaricus xanthoderma Gen.

Der Hut hat einen Durchmesser von 50 bis 150 mm, er ist beim Jungpilz halbkugel- bis eichelförmig, beim Altpilz flach, weißlich, feinhaarig filzig, manchmal aufgeplatzt, weiß und verfärbt sich an Druckstellen zitronengelb. Die Lamellen stehen dicht, sind frei, im Jugendstadium blaß, später rosaviolett und im Alter umbrabraun. Sie sind beim Jungpilz mit einem Schleier überdeckt, der sich später in einen weißen, häutigen Ring verwandelt. Der Stiel ist ausbrechbar, zylindrisch, unten zu einer kugelförmigen Knolle erweitert und weiß, er verfärbt sich an Druckstellen satt zitronengelb. Das Fruchtfleisch ist weiß, es vergilbt an Schnittstellen, vor allem in der Basis sofort, es riecht unangenehm nach Karbolineum und schmeckt süßlich gerbstoffartig. Das abstoßende Aroma verstärkt sich bei der Behandlung mit Wärme. Dieser Pilz wächst vereinzelt von Juni bis Oktober in Laubwäldern, Hainen und Parks. Häufig tritt er auf kalkiger Unterlage in Fichtenwäldern auf. Er gehört zu den giftigen Pilzen, die Magenbeschwerden, Erbrechen und Unwohlsein hervorrufen.

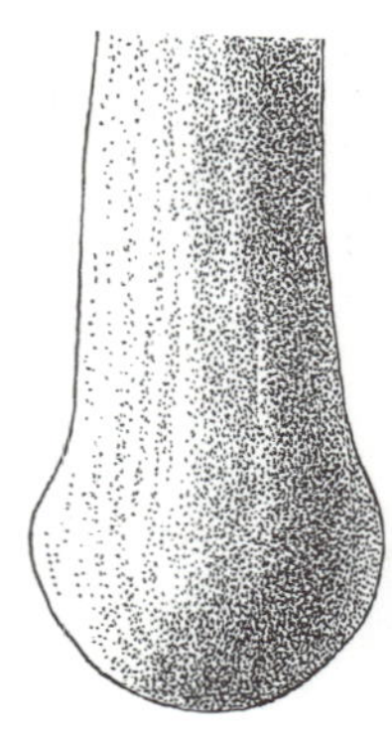

Beim Karbolegerling ist der untere Teil des Stiels zu einer kugeligen Knolle erweitert, die sich bei Beschädigung satt zitronengelb verfärbt und nach Karbolineum riecht

Edelpilze – *Agaricaceae*

Wiesenchampignon, Feldegerling

Agaricus campestris L. ex Fr.

Edelpilze – *Agaricaceae*

Weißer Anischampignon, Schafchampignon

Agaricus arvensis Schaeff. ex Fr.

Wiesenchampignon
Der Hut hat einen Durchmesser von 40 bis 120 mm, er ist anfangs kugelförmig, am Rand eingerollt, später gewölbt bis flach, weiß, seidig faserig, kahl, manchmal an der Spitze bräunlich geschuppt. Die Lamellen stehen dicht, sind am Stiel ausgeschnitten, bauchig, jung fleischfarben, ausgewachsen bis schwarzbraun. Der Stiel ist zylindrisch, voll, glatt, weißlich und trägt im oberen Drittel einen häutigen Ring. Das Fruchtfleisch ist weiß und verfärbt sich an Schnittstellen schwach rosa, schmeckt und riecht gut. Der Pilz wächst von Mai bis November auf gut gedüngten Wiesen, Weiden, Feldern und grasbestandenen Wegen. Er gehört zu den ausgezeichneten Speisepilzen. Er läßt sich vom Karbolegerling leicht durch das Fehlen des Karbolineumgeruchs unterscheiden.

Weißer Anischampignon
Der Hut ist 50 bis 140 mm breit, jung oval, ausgewachsen gewölbt bis flach, weißlich oder cremefarben, an Druckstellen gelblich. Die Lamellen stehen dicht, frei, bleiben lange hell, später verfärben sie sich schwarzbraun, sie sind nie rosafarben. Der Stiel ist zylindrisch, weiß, trägt im oberen Drittel einen häutigen Ring. Das Fruchtfleisch ist weich, weiß, unveränderlich, schmeckt angenehm pilzig und riecht markant nach Anis. Der Anischampignon (auch Schafegerling) wächst von den Niederungen bis in höhere Lagen zahlreich von Juni bis Oktober in Nadel- und Mischwäldern, die reich an Humus sind. Er gehört zu den begehrten Speisepilzen und läßt sich durch den Anisgeruch leicht vom Karbolegerling unterscheiden.

Wiesenchampignon

Weißer Anischampignon

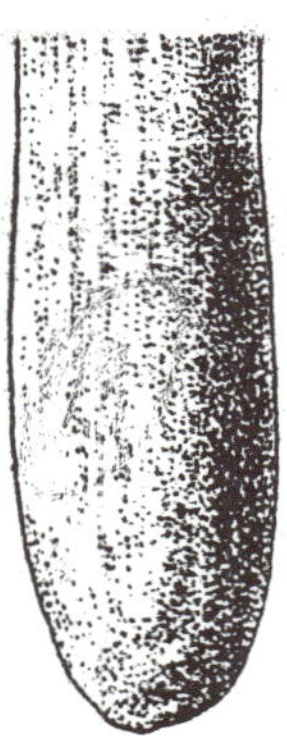

Der untere Teil des Stiels beim Wiesen- oder beim Weißen Anischampignons

☠ Glockendüngerling

Panaeolus sphinctrinus (Fr.) Quel.

Der Hut ist 15 bis 30 mm breit, parabolisch, dauerhaft glockenförmig, glänzend, am Rand mit weißen Fetzen (Schleierreste), auf der Oberfläche grau oder graubraun. Die Lamellen sind hoch, anfangs grau, hervortretend, bei ausgewachsenen Pilzen von den ungleichmäßig reifenden Sporen schwarz gescheckt. Die Sporen bilden ringförmige Zonen und sehen wie gesprenkelte Flecken aus. Dieses Kennzeichen kann auch gut zur Unterscheidung von anderen Pilzgattungen dienen. Die Schneide der Lamellen ist im Alter weißlich. Der Stiel ist sehr lang, oben gerieft, schlank, gerade, zäh, spröde, hohl, staubig bereift und schwärzlich braun. Das Fruchtfleisch ist sehr dünn, spröde, bräunlich und weist keinen besonderen Geruch und Geschmack auf. Der Pilz wächst vom Frühling bis zum Herbst meistens auf Weiden mit stark gedüngtem Boden oder direkt auf Pferde- oder Kuhmist und taucht bei warmer Witterung nach Regen in großen Mengen auf. Er ist von den Niederungen bis in die Berge verbreitet und gehört zu den schwach giftigen Pilzen. Durch die chemische Analyse wurden Spuren von Psilocybin nachgewiesen, das psychotrope Wirkungen hat. Der Mechanismus der Vergiftung mit diesen Pilzen ist bisher nicht erforscht. Sie sollten nicht gesammelt werden, manchmal kommt es jedoch zu Verwechslungen mit Graspilzarten, vor allem mit dem Nelkenschwindling.

Schnitt durch den Fruchtkörper des Glockendüngerlings

Nelkenschwindling, Feldschwindling

Marasmius oreades (Bolt. ex Fr.) Fr.

Die ausführliche Beschreibung des Nelkenschwindlings befindet sich auf den Seiten 26,69 und 125. Auch wenn er an ähnlichen grasigen Stellen wächst wie der Glockendüngerling, sind beide an Hut, Lamellen und Stiel zu unterscheiden. Besonders auffallend ist der Unterschied bei den Lamellen. Sie sind beim Schwindling schütter und hellsemmelfarben (niemals gesprenkelt!), während sie beim Düngerling im Alter dunkel scheckig sind und dicht stehen. Der Stiel des Schwindlings ist fest, zäh, und unzerbrechlich, während er beim Düngerling sehr lang, dünn und spröde ist. Schwenkt man den Fruchtkörper des Schwindlings, so biegt er sich auf dem Stiel wie auf Gummi. Der Stiel des Düngerlings bricht beim gleichen Versuch sofort.

Schnitt durch den Nelkenschwindling – die Lamellen stehen entfernt, sie sind hell (niemals gesprenkelt)

☠ Gelber Knollenblätterpilz

Amanita citrina (Schaeff.) ex Roques

Der Hut des Gelben Knollenblätterpilzes (auch Gelber Wulstling) ist 30 bis 80 mm breit, jung halbkugelig, ausgewachsen breit ausladend gewölbt, zitronen- oder grünlichgelb, selten weiß, unregelmäßig mit warzenartigen, bräunlichen Hüllresten bedeckt. Die Lamellen sind frei, hoch, dicht und ständig weiß. Der Stiel ist aufrecht, glatt, im Alter wattig gefüllt, zitronengelb, im oberen Drittel mit einem hellgelben Ring versehen und unten mit einer großen, halbkugeligen, am oberen Rand scharf beschnittenen Knolle abschließend. Das Fruchtfleisch ist weiß, unveränderlich, schmeckt unangenehm und erinnert im Geruch an alte, rohe Kartoffeln. Der Pilz wächst recht zahlreich von Juli bis November von den Niederungen bis in die Vorgebirge in Nadel- und Mischwäldern. Er tritt in Haufen auf. Wegen seines Gehalts an Krötengift – Bufotenin – und verschiedenen Derivaten des Indols wird er zu den Giftpilzen gezählt.

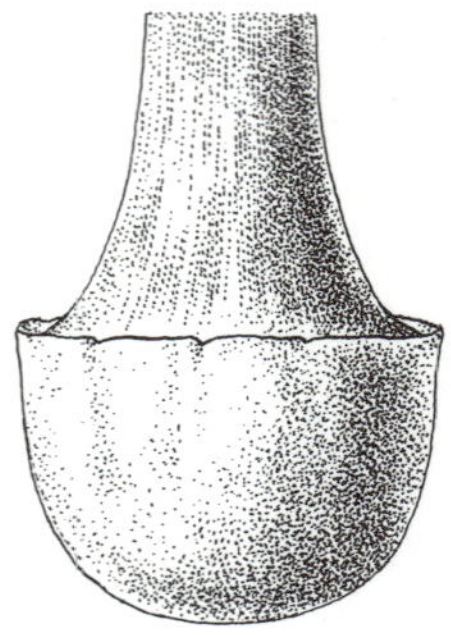

Knollenförmiger unterer Stielabschluß des Gelben Knollenblätterpilzes. Die wattig gestopfte Knolle ist oben scharf begrenzt

Großer Scheidling

Volvariella speciosa (Fr.) Sing.

Der Hut hat einen Durchmesser von 60 bis 120 mm und ist beim Jungpilz kugelförmig glockig, im Alter ausgebreitet, in der Mitte mit stumpfem Buckel, glatt, schlüpfrig, bei Trokkenheit glänzend schmutzig weiß, grau bis bräunlich. Die Lamellen sind dicht, breit, am Stiel frei, jung weiß, im Alter fleischrosa. Der Stiel ist zylindrisch, voll, weiß, unten zu einer Knolle verdickt, und mit einer Scheide umhüllt. Das Fruchtfleisch ist fleischig, weiß, unveränderlich, schmeckt unauffällig und riecht honigartig nach Kartoffeln. Der Pilz wächst verstreut von Mai bis September an stark gedüngten Stellen außerhalb des Waldes, in Gärten, auf Feldern, in der Nähe von Komposthaufen und in Parks, von den Niederungen bis in die Vorgebirge. Er gehört zu den eßbaren Pilzen und ist vor allem in den Küchen des Ostens beliebt, wo eine Scheidlingsart sogar künstlich gezüchtet wird. Er unterscheidet sich vom Gelben Knollenblätterpilz vor allem durch die im Alter fleischrosa gefärbten Lamellen, die gut entwickelte Scheide und das Fehlen des Stielrings.

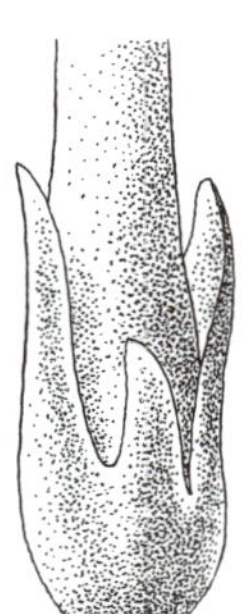

Beim Großen Scheidling ist der untere Abschnitt des Stiels knollenartig erweitert und mit einer weißen Scheide, die im Alter verschwindet, umhüllt; wird der Pilz aus dem Substrat gerissen, bleibt die Scheide oft im Boden

Roter Fliegenpilz

Amanita muscaria (L. ex Fr.) Hook

Der Hut ist 50 bis 200 mm breit, im Jugendstadium fast kugelförmig, bald breit ausladend, am Rand gerieft, leuchtend scharlach- oder orangerot, mit weißen oder gelblichen Hüllresten übersät, die bei länger anhaltendem Regen verschwinden, so daß die Oberfläche glatt, klebrig und bei Trockenheit glänzend ist. Die Lamellen sind weiß, frei und stehen dicht. Der Stiel ist gerade, zylindrisch, bis zu 250 mm lang, oben mit glattem Ring versehen, weiß, glockig, unten zu einer kugeligen Knolle erweitert, die mit mehreren Ringen weißlicher Warzen bedeckt ist. Das Fruchtfleisch ist weiß, unveränderlich, unter der Huthaut orange, schmeckt süßlich nußartig und riecht unauffällig. Der Fliegenpilz wächst von Ende Juni bis Oktober in Mischwäldern. Er wird wegen seines Muskaringehalts zu den giftigen Pilzen gerechnet und kann durch das Mykoatropin auch psychische Störungen hervorrufen. Verwechslungen sind mit dem Kaiserling, dem Perlpilz und im Jugendstadium, wenn die Fruchtkörper kugelförmig und mit der Hüllhaut bedeckt sind, auch mit einigen Stäublingen möglich. Die Unterscheidung von den Stäublingen ist sehr einfach. Hier reicht es, den Fruchtkörper zu durchschneiden. Ist dieser innen quarkig und rein weiß, fehlt jede Andeutung von Stiel, Lamellen und der orangefarbenen Huthaut an der Oberseite, handelt es sich sicher um eine Stäublingsart.

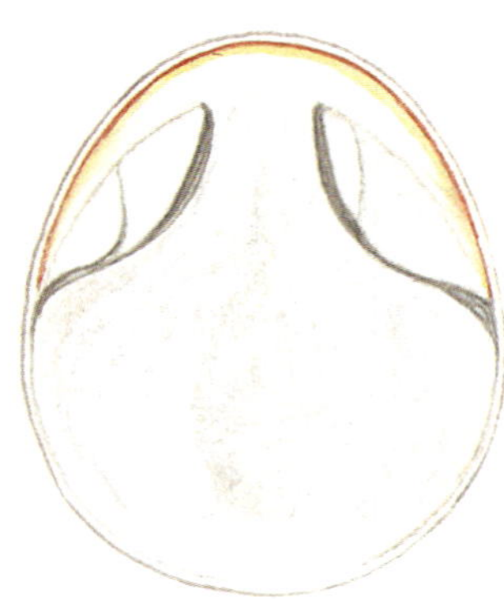

Bei den Knollenblätterpilzen kann man im Querschnitt der jungen Fruchtkörper deutlich die Ausbildung des Stiels und des Hutes mit den Lamellen erkennen; beim Roten Fliegenpilz ist das Fruchtfleisch an der Spitze der äußeren Hülle immer orange

Knollenblätterpilze – *Amanitaceae*

Kaiserling

Amanita caesarea (Scop. ex Fr.) Grev.

Knollenblätterpilze – *Amanitaceae*

Perlpilz, Rötender Wulstling

Amanita rubescens (Pers. ex Fr.) S. F. Gray

Kaiserling
Dieser seltene Pilz tritt im Verlauf des Sommers in Laubwäldern wärmster Lagen auf. Sein Hut ist rot und kahl, Lamellen und Stiel sind herrlich goldgelb, das Fruchtfleisch ist gelblich, schmeckt angenehm und riecht unauffällig. Der Stiel ist im unteren Teil immer von einer mächtigen weißen Scheide umgeben. Angeblich durfte der Kaiserling auf der Tafel der altrömischen Patrizier nicht fehlen. Heute verdient er eher Schutz, da er in den Wäldern immer seltener wird. Vom Roten Fliegenpilz ist er leicht an den goldgelben Lamellen und dem gleichfarbigen Stiel zu unterscheiden.

Perlpilz
Die ausführlichere Beschreibung befindet sich auf Seite 51. Der Perlpilz gehört zu den begehrten und schmackhaften Pilzen. Mit dem Roten Fliegenpilz kann man ihn nur verwechseln, wenn dessen Fruchtkörper besonders hell gefärbt sind. Die Huthaut des Perlpilzes ist nicht sonderlich rot, sondern nur rosa- bis schwach fleischfarben. Den Perlpilz erkennt man sicher auch an der rötlichen Färbung im unteren Abschnitt des Stiels, die sich vor allem dann besonders markant zeigt, wenn der Pilz von Insekten befallen ist.

Kaiserling

Perlpilz

Stäublinge sind im Querschnitt quarkig, weiß

Flaschenstäubling

☠ Pantherpilz

Amanita pantherina (DC. ex Fr.) Krombh.

Der Hut ist 40 bis 100 mm breit, jung kugelförmig, ausgewachsen abgerundet, weit gewölbt bis ausladend, gräulich, graubraun, gelbbraun bis olivbräunlich, am Rand deutlich gerieft und mit kleinem weißlichem Schorf bedeckt, der in zentrischen Kreisen angeordnet ist. Nach länger anhaltendem Regen ist die Hutoberfläche kahl. Die Lamellen sind dicht, weiß, am Stiel abgerundet und frei. Der Stiel ist ausbrechbar, zylindrisch, gerade, weiß und oben mit einem weißen, glatten Ring versehen, der im Alter schlaff hängt und verschwindet. Der untere Teil des Stiels geht in eine Knolle über, die oben von einem weißen Rand gesäumt wird. Darüber befinden sich noch weitere schräg liegende weiße Ringe. Das Fruchtfleisch ist weiß, unveränderlich, schmeckt und riecht nicht besonders oder mäßig nach Kartoffeln, bei welken Pilzen unangenehm süßlich. Der Pantherpilz wächst von Juli bis Oktober in Laub- und Nadelwäldern, an Waldrändern und unter einzelnen Bäumen. Stellenweise, besonders in wärmeren Gebieten kommt er häufig vor. Er kann bei Genuß auch kleinster Mengen Mykoatropinvergiftungen mit ernsthaften Folgen verursachen.

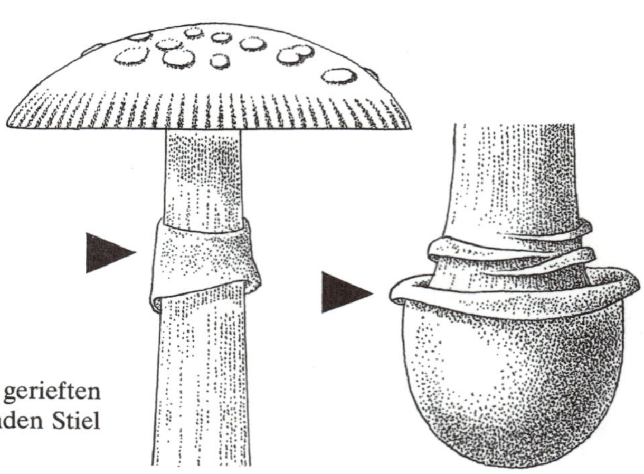

Der Pantherpilz hat einen häutigen, nicht gerieften Ring und einen knollenförmig abschließenden Stiel mit einem weißen Saum

Perlpilz, Rötender Wulstling

Amanita rubescens (Pers. ex Fr.) S. F. Gray

Der Hut hat einen Durchmesser von 40 bis 180 mm, ist im Jugendstadium halbkugelig, später gewölbt bis flach, mit leicht abziehbarer Huthaut, fleischfarben bis rosa verfärbend, mit zahlreichen weißlichen Fetzen, die von der Hülle stammen, die beim Jungpilz den Fruchtkörper umschließt. Bei Regen ist die Hutoberfläche kahl und leicht klebrig. Die Lamellen sind frei, spröde, weiß, im Alter rötlich gefleckt, an Schadstellen rosa verfärbend. Der Stiel ist zylindrisch, ausbrechbar, oben weiß, unten rosafarben, glatt oder flockig, voll, beim ausgewachsenen Pilz röhrenartig hohl, im unteren Abschnitt knollig erweitert und mit mehreren Ringen kleiner Warzen bedeckt. Beim Jungpilz sind die Lamellen mit einem angewachsenen weißen Schleier bedeckt. Durch die Öffnung des Huts reißt der Schleier über den Lamellen auf, wodurch die markanten Riefen auf dem Ring entstehen. Der Ring bleibt auch bei alten Fruchtkörpern am Stiel. Das Fruchtfleisch ist weiß und verfärbt sich an Schadstellen rötlich. Von Insektenlarven befallene Stellen sind rosafarben. Das Fruchtfleisch schmeckt angenehm pilzig, schwach süßlich. Der Geruch ist unauffällig. Der Perlpilz wächst häufig von Juni bis November in allen Wäldern von den Niederungen bis in die Vorgebirge. Er gehört zu den hervorragenden Speisepilzen und ist vielseitig verwendbar. Der Perlpilz ist vom Pantherpilz deutlich am markant gerieften Ring zu unterscheiden.

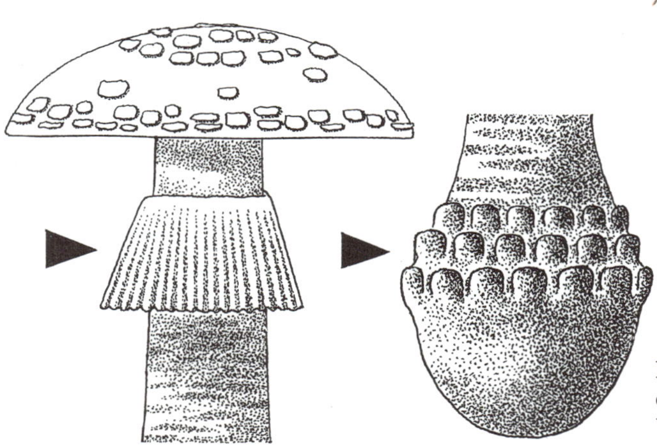

Der Perlpilz weist einen markant gerieften Ring und eine knollig erweiterte, mit mehreren Ringen kleiner Warzen besetzte Stielbasis auf

Grüner Knollenblätterpilz

Amanita phalloides (Fr.) Link

Der Grüne Knollenblätterpilz gehört zu den giftigsten Pilzen. Er wächst meistens von Juli bis Oktober vor allem in Laub- und Mischwäldern. In günstigen Jahren tritt er von Mai bis November auf. Ausnahmsweise taucht er auch in Fichtenkulturen auf, die nach dem Abholzen von Laubbäumen angelegt wurden. Er ist auch außerhalb des Waldes zu finden, zum Beispiel mitten im Park, wo nur eine einzelne Eiche steht. Ein wichtiges Merkmal, an dem der Grüne Knollenblätterpilz zuverlässig zu erkennen ist, ist die knollig erweiterte Stielbasis und die häutige, recht lose Scheide, die dessen unteren Stielabschnitt wie ein Strumpf umhüllt. Die weiße, oben zipfelige Scheide ist der Rest der Hülle, die im Jugendstadium den gesamten Fruchtkörper umschließt. Wenn der Pilz wächst, reißt diese Hülle auf, und der Hut schiebt sich so daraus hervor, daß auf ihm keinerlei schorfartige Hüllreste zurückbleiben, wie wir sie von anderen Knollenblätterpilzen kennen. Zur Bestimmung des Grünen Knollenblätterpilzes oder ähnlicher Arten muß unbedingt vorsichtig der gesamte Fruchtkörper aus der Unterlage gelöst werden, da sonst der Stiel zerreißt und seine knollige Basis einschließlich der Scheide im Erdboden verbleibt. Eine ausführliche Beschreibung des Grünen Knollenblätterpilzes befindet sich auf den Seiten 54 und 56.

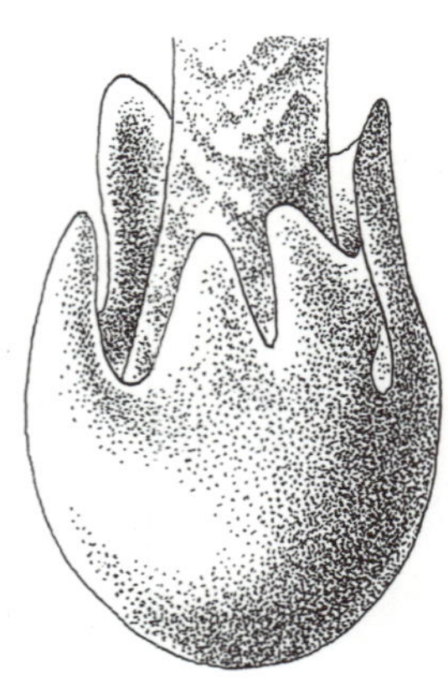

Beim Grünen Knollenblätterpilz wächst der untere Stielabschnitt aus einer mächtigen, häutigen Scheide hervor, die als Todeskelch bezeichnet wird

Gefelderter Grüntäubling

Russula virescens (Schaeff ex Zanted) Fr.

Täublinge – *Russulaceae*

Grasgrüner Birkentäubling

Russula aeruginea Lindbl. in Fr.

Gefelderter Grüntäubling
Der Hut ist 60 bis 140 mm breit, jung halbkugelig, lange Zeit gewölbt, im Alter ausgebreitet und vertieft. Die Huthaut ist trocken, nicht abschälbar, samtig, an den Rändern körnig gerillt, beim ausgewachsenen Pilz felderig aufgeplatzt, jung weißlich, später kupferig grün, im Alter verblassend und in Flecken rostig verfärbend. Die Lamellen sind abgerundet, weiß, dicht, ausgewachsen sahnefarben. Der Stiel ist mächtig, gerade, fest, weiß und verfärbt sich im Alter rostig. Das Fruchtfleisch ist weiß, schmeckt delikat nach Nüssen und riecht angenehm obstig. Der Gefelderte Grüntäubling wächst von Juni bis Oktober in allen Waldarten, vor allem unter Laubbäumen und gehört zu den ausgezeichneten Speisepilzen.

Grasgrüner Birkentäubling
Der Hut erreicht einen Durchmesser von 30 bis 100 mm, ist im Jugendstadium halbkugelig, später flach, gedrückt, grün oder olivgrün, in der Mitte bräunlich, dünnfleischig, kahl, bei Feuchtigkeit klebrig, seine Haut ist gut schälbar. Die Lamellen stehen dicht, sind abgerundet, spröde, weiß, mit fortschreitendem Alter strohgelb bis rostfarben. Der Stiel ist zylindrisch, zerbrechlich, weiß, unten rostfarben, im Alter wattig ausgefüllt. Das Fruchtfleisch ist weiß, bei alten Pilzen rostig verfärbend, riecht unauffällig und schmeckt scharf bis brennend. Diese Schärfe verschwindet bei der Zubereitung in der Küche. Der Pilz wächst zahlreich im Sommer und im Herbst unter Birken und Fichten auf sauren Böden, auf Waldwegen und unter einzelnen Bäumen. Diese beiden Täublinge, der Gefelderte und der Grasgrüne, sind vom Grünen Knollenblätterpiz leicht am Fehlen der Scheide und des Rings zu unterscheiden.

Gefelderter Grüntäubling

Grasgrüner Birkentäubling

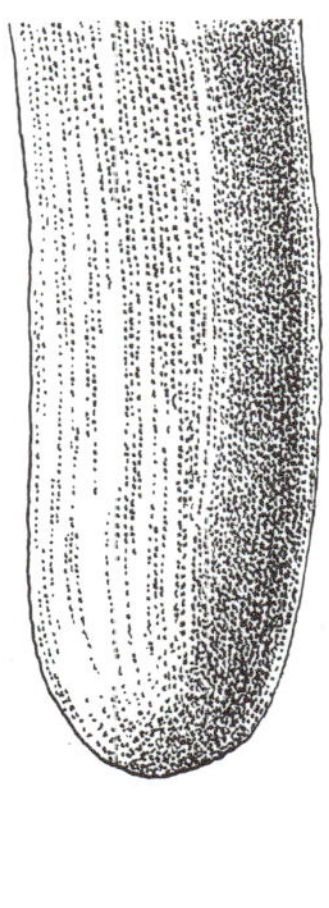

Weder der Gefelderte Grüntäubling noch der Grasgrüne Birkentäubling weisen an der Stielbasis eine Scheide auf

Grüner Knollenblätterpilz

Amanita phalloides (Fr.) Link

Der Hut ist bräunlich gelbgrün, grün oder gelblich verblichen bis weißlich, gewöhnlich schon bei jungen Pilzen völlig glatt. Die Färbung ist nicht immer gleich. Manche Fruchtkörper sind olivgrün, manche graugrün, andere wieder bis zitronengelb. Der Hut ist im Jugendstadium eiförmig, später glockenförmig, schließlich flach, er erreicht einen Durchmesser von 70 bis 150 mm. Die Lamellen sind immer weiß, sie sind dicht und recht breit, bauchig und am Stiel abgerundet. Sie verfärben sich niemals dunkel! Beim Jungpilz werden die Lamellen von einer dünnen Haut bedeckt, die wie ein Vorhang den Hutrand mit dem oberen Abschnitt des Stiels verbindet. Diese Haut löst sich erst im Verlaufe des Wachstums vom Hutrand. Ihre Reste bilden dann einen schlaffen, weißen Ring. Der Stiel ist schlank, weiß, gelbgrün oder grau, an der Oberfläche zu Schuppen aufgeplatzt und dadurch gemasert. Er schließt mit einer mächtigen, kugelförmigen Knolle ab, die immer von einer weißen, halb freien, recht hoch reichenden, zipfeligen Scheide umhüllt ist. Das Fruchtfleisch ist dauerhaft reinweiß, unter der Huthaut schwach ockerfarben, unveränderlich, schmackhaft und süßlich, schwach nach Kartoffeln riechend. Der vertrocknende Pilz riecht betäubend, süßlich nach welkenden Blumen oder reifendem Käse. Eine Verwechslung mit dem Grünling oder dem Champignon ist verhängnisvoll, denn der Grüne Knollenblätterpilz ist tödlich.

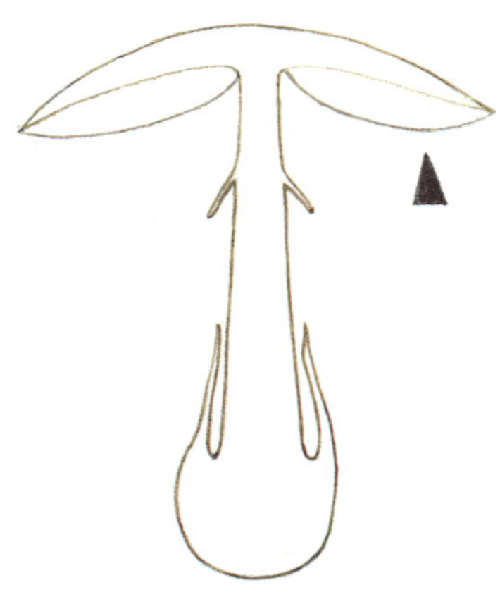

Am Fruchtkörperquerschnitt des Grünen Knollenblätterpilzes sind die weißen Lamellen, die Scheide und der Ring sichtbar

Ritterpilze – *Tricholomataceae* **Grünling, Olivgrüner o. Echter Ritterling**

Tricholoma flavovirens (Pers. ex Fr.)

Edelpilze – *Agaricaceae* **Weißer Anischampignon, Schafchampignon**

Agaricus arvensis Schaeff. ex Fr.

Grünling

Der Hut ist 30 bis 90 mm breit, jung mit eingerolltem Rand gewölbt, erwachsen flach gewölbt und beträchtlich gebogen, gelbbraun bis grüngelb, bei Feuchtigkeit schlüpfrig. Die Lamellen gehen mit einem Zähnchen in den Stiel über, sie sind schwefelgelb. Der Stiel ist zylindrisch, fein gefasert und schwefelgelb. Das Fruchtfleisch ist weißlich, riecht mehlig und schmeckt süßlich nußartig. Der Pilz wächst im Herbst, vor allem in sandigen Kieferngehölzen, stellenweise in großen Mengen. Er gehört zu den sehr schmackhaften Herbstpilzen. Er unterscheidet sich vom Grünen Knollenblätterpilz durch gelbe Lamellen.

Grünling

Weißer Anischampignon

Der Hut hat einen Durchmesser von 50 bis 140 mm, ist beim Jungpilz halbkugelig, bald ausladend gewölbt und schließlich flach ausgebreitet; die Huthaut ist glatt, seidig glänzend, weiß, an Druckstellen und im Alter bis zu Farbtönen vergilbend, die an die helleren Fruchtkörper des Grünen Knollenblätterpilzes erinnern. Die Lamellen sind jung blaß, später fleischig gräulich, schokoladefarben und schließlich braunschwarz. Der Stiel ist zylindrisch, unten zu einer kleinen Knolle erweitert, hohl und weiß, unter den Lamellen befindet sich ein Ring. Das Fruchtfleisch ist saftig, weiß, riecht angenehm nach Anis und schmeckt süßlich pilzig. Bei Sammeln muß die Färbung der Lamellen beachtet werden (sie bleiben beim Grünen Knollenblätterpilz bis ins Alter weiß!)

Weißer Anischampignon

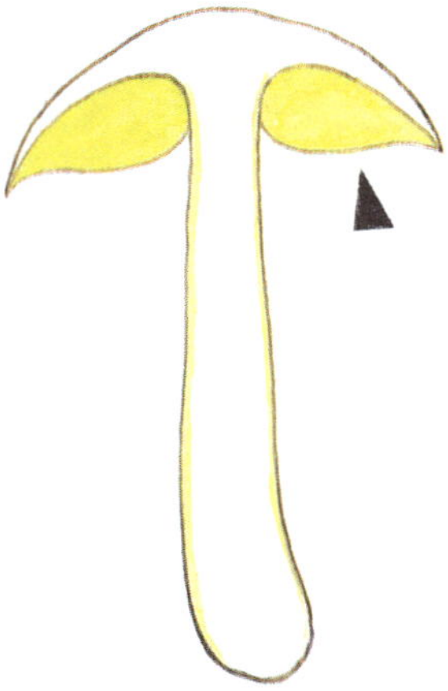

Der Grünling hat weder eine Scheide noch einen Ring und seine Lamellen sind gelb

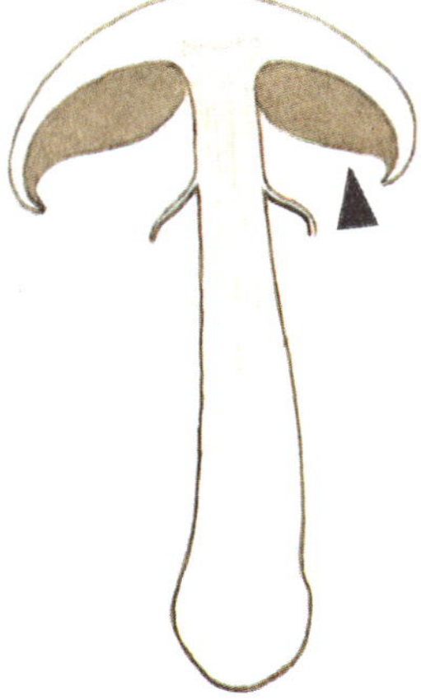

Der Weiße Anischampignon hat einen Ring, aber keine Scheide; seine Lamellen sind braun, in der Jugend rosa

☠ Grüner Knollenblätterpilz

Amanita phalloides (Fr.) Link

Die botanischen Merkmale des Grünen Knollenblätterpilzes und die Hauptgrundsätze bei seiner Bestimmung wurden auf den vorangehenden Seiten angeführt (siehe auch Illustrationen). Da es sich hier aber um einen äußerst gefährlichen Giftpilz handelt, dem schon sehr viele Menschen zum Opfer gefallen sind, sollen hier noch einmal die Hauptmerkmale wiederholt werden, an denen er sicher zu erkennen ist. Die Färbung der Huthaut ist sehr variabel, sie reicht von grüngelb, olivgrün bis zum Weiß der Albinoformen. Die Lamellen sind ständig reinweiß. Der Stiel schließt mit einer mächtigen, kugelförmigen, weichen Knolle ab, die in eine freie, hohe, auffallend zipflige Scheide eingesenkt ist. Im sehr frühen Stadium der Entwicklung ist der gesamte Fruchtkörper mit einer weißen Hülle umgeben und ähnelt einem Ei. In dieser Zeit kann der Grüne Knollenblätterpilz leicht mit einigen Stäublingsarten oder jungen Fuchsigen oder Rotbraunen Scheidenstreiflingen verwechselt werden. Der ältere, heller gefärbte Fruchtkörper des Grünen Knollenblätterpilzes wird oft mit Schirmpilzen verwechselt, zum Beispiel mit dem Natternstieligen Riesenschirmling (s. Gegenseite).

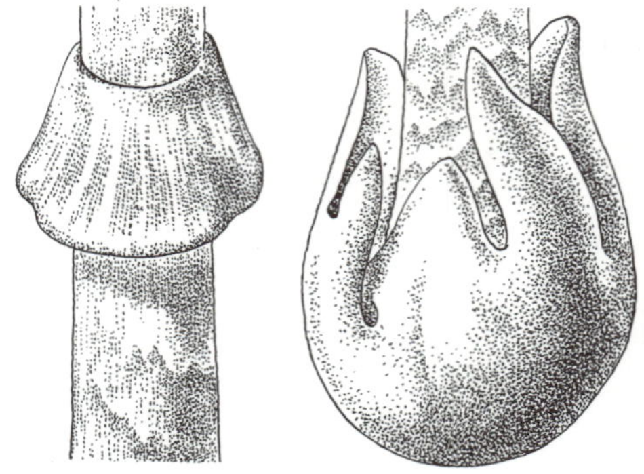

Der Stiel des Grünen Knollenblätterpilzes weist einen Ring und an der Basis eine auffallende, zipflige, häutige Scheide auf

Natternstieliger Riesenschirmling, Parasol

Macrolepiota procera (Scop. ex Fr.) Sing.

Der Hut erreicht einen Durchmesser von 100 bis 300 mm, er ist jung klöppelförmig, völlig bräunlich, später mit Buckel in der Mitte ausgebreitet und dachziegelartig mit großen, filzigen, abstehenden, bräunlichen Schuppen bedeckt. Die Lamellen sind dicht, frei, recht hoch, vom Stiel abstehend und weiß. Der Stiel ist ausbrechbar, bis zu 400 mm hoch, oben schmal, unten mit einer flachen Knolle abgeschlossen, hohl, im Jugendstadium völlig hellbraun, ausgewachsen schuppig quer gemasert, auffallend holzig. Im oberen Drittel des Stiels befindet sich ein mächtiger häutiger, weißer, verschiebbarer Ring mit doppeltem Rand. Das Fruchtfleisch ist beim Jungpilz saftig, im Hut bald wattig, im Stiel zäh und faserig, dauerhaft weiß, schmackhaft pilzig und angenehm süßlich duftend. Der Riesenschirmling wächst von Juli bis Oktober an allen warmen Waldrändern, an Waldwegen und im Gras von Lichtungen, wo er besonders große Ausmaße erreicht. Er gehört zu den höchsten Blätterpilzen. Es ist erstaunlich, daß Pilzsucher diesen mächtigen Pilz oft mit dem tödlich giftigen Grünen Knollenblätterpilz verwechseln. Zur Unterscheidung: Der Riesenschirmling trägt auf der Hutoberfläche Schuppen, seine Knolle am Stielfuß wird nie von einer Scheide umschlossen!

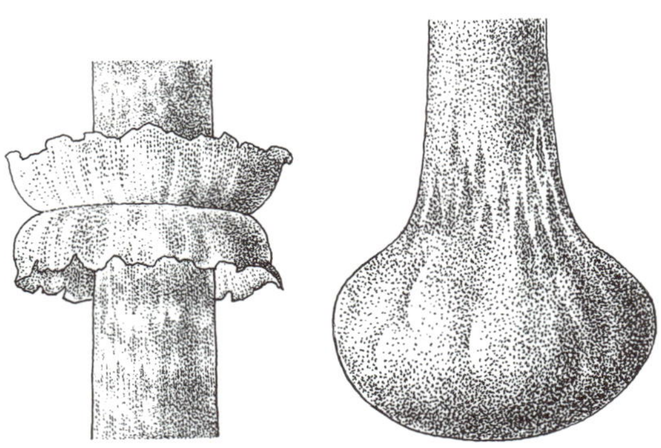

Der Natternstielige Riesenschirmling trägt am Stiel einen beweglichen Ring, wächst aber niemals aus einer Scheide hervor

Junger Fruchtkörper des Natternstieligen Riesenschirmlings

☠ Brauner Fliegenpilz, Königsfliegenpilz

Amanita regalis (Fr.) Michael

Der Hut ist 70 bis 200 mm breit, jung kugelförmig, später gewölbt, ausgewachsen flach ausgebreitet, lebhaft leberfarben gelbbraun, dicht mit gelblichen bis hell ockerfarbenen Flecken besetzt, die in zentrischen Kreisen angeordnet sind, bei Feuchtigkeit klebrig, bei Trockenheit glänzend, dünnfleischig, ausgewachsen am Rand gerief. Die Lamellen sind dicht, frei, weiß, cremegelblich schattiert. Der Stiel ist voll, mächtig, ausbrechbar, unten zu einer kugeligen Knolle erweitert, die mit mehreren Ringen kleiner gelblicher Warzen bedeckt ist. Die Stieloberfläche ist nicht weiß, sondern schwach gelb gefärbt. Der Schleier, der beim Jungpilz die Lamellen bedeckt, ist häutig und gelbocker; im Alter wird er zu einem mächtigen, leicht ockerfarbigen Ring, der am Rand oft einige große Warzen trägt. Das Fruchtfleisch ist weißlich, im Stiel schwach gelblich, unter der Huthaut bis goldgelb, unveränderlich, schmeckt angenehm nußartig süßlich und riecht unauffällig. Der Pilz kommt verhältnismäßig selten von Juli bis Oktober in den Fichtengehölzen der Vorgebirge und Gebirge vor. Er enthält ähnliche Gifte wie der Rote Fliegenpilz.

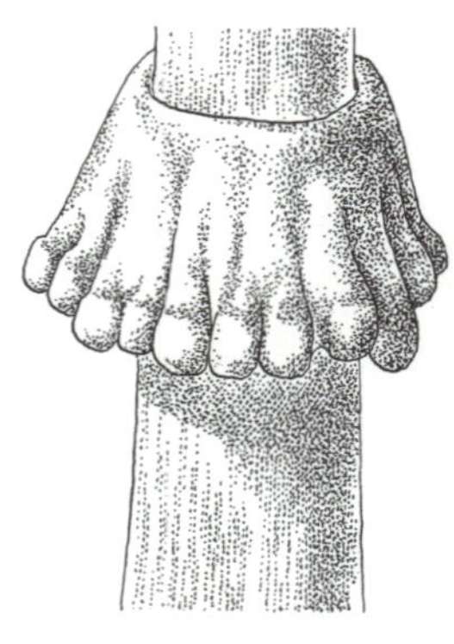

Der Braune Fliegenpilz besitzt einen mächtigen, ockerfarbenen Ring mit einigen Warzen am Rand

Perlpilz, Rötender Wulstling

Amanita rubescens (Pers. ex Fr.) S. F. Gray

Knollenblätterpilze – *Amanitaceae*

Grauer Wulstling

Amanita spissa (Fr.) Opiz

Perlpilz

Der Perlpilz wurde ausführlich schon auf Seite 51 beschrieben, hier sollen nur die typischen Merkmale wiederholt werden. Der Hut ist 40 bis 180 mm breit. Auf der rosafarbenen, sich fleischig rötenden, leicht abziehbaren Huthaut befinden sich weißliche Fetzen, die Hüllreste. Die Lamellen sind weiß, im Alter rötlich fleckig, an Schadstellen rosa verfärbend. Der Stiel ist oben weißlich, unten rötlich, knollig erweitert und mit einigen Ringen kleiner Warzen bedeckt. Im oberen Drittel des Stiels befindet sich ein mächtiger weißlicher Ring mit deutlichen Riefen. Den Perlpilz unterscheiden vom Braunen Fliegenpilz vor allem seine fleischrosa beziehungsweise hell rotbraune Hutoberfläche und das Fruchtfleisch, das sich in der Stielbasis rosa verfärbt.

Grauer Wulstling

Der Hut ist 50 bis 120 mm breit, jung kugelförmig, später gewölbt bis flach, grau oder graubraun, dicht mit weißlichem Schorf bedeckt. Die Lamellen sind dicht, weiß und frei. Der Stiel ist zylindrisch und schließt unten mit einer kegelförmigen Knolle ab; im oberen Drittel befindet sich ein weißlicher, dicht geriefter Ring. Das Fruchtfleisch ist weiß, unveränderlich, schmeckt und riecht nach rohen Kartoffeln. Der Graue Wulstling wächst häufig im Sommer und Herbst in allen Wäldern und auch während der Trockenperioden. Dieser Pilz ist eßbar, wird wegen seines spezifischen Geschmacks aber wenig gesammelt. Vom Braunen Fliegenpilz ist er leicht durch den gerieften Ring und den kartoffelartigen Geruch des Fruchtfleisches zu unterscheiden.

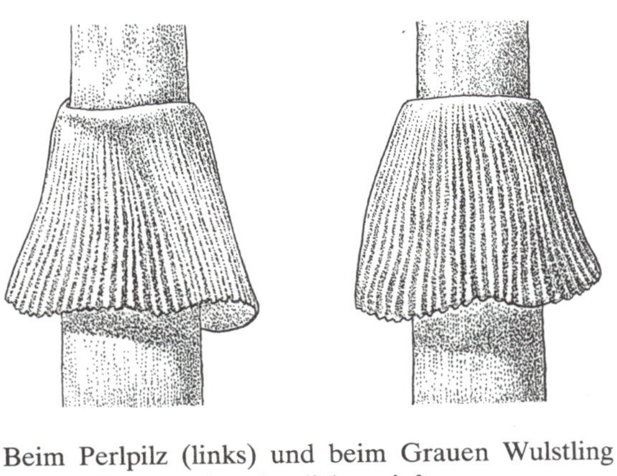

Beim Perlpilz (links) und beim Grauen Wulstling (rechts) ist der Ring deutlich gerieft

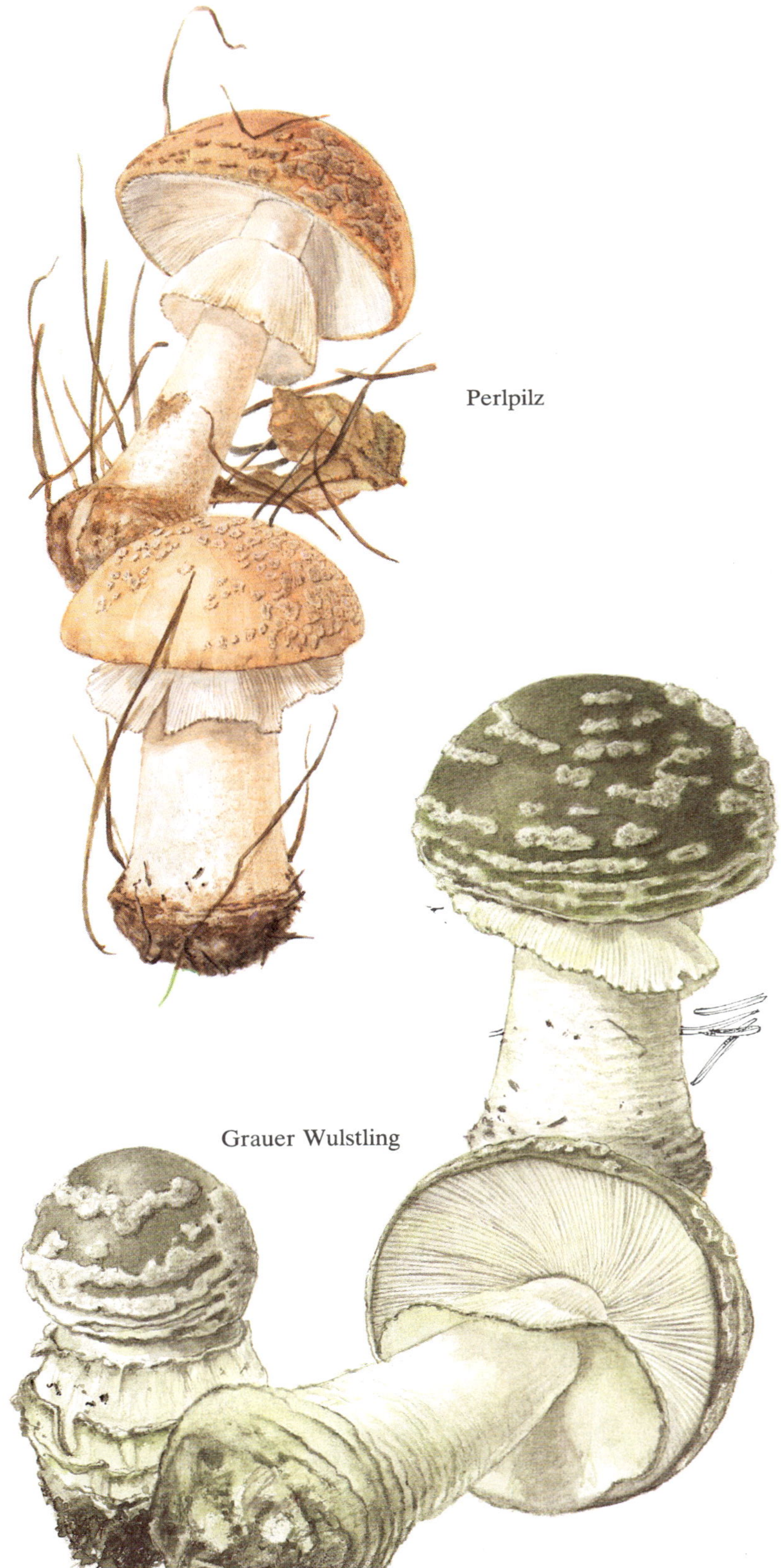

☠ Dickfußröhrling, Schönfußröhrling

Boletus calopus Fr.

Der Hut ist 40 bis 150 mm breit, anfangs halbkugelig, später gewölbt bis polsterförmig, jung fein filzig, im Alter kahl, blaßbraun, olivgrau oder ockerbraun; der Rand ist lange Zeit eingerollt und unregelmäßig gebogen. Die Röhren sind gelb und am Stiel ausgeschnitten, sie verfärben sich an Berührungsstellen blau. Die Mündungen der Röhren sind klein und leuchtend zitronengelb. Der Stiel ist anfangs bauchig, später keulenförmig, karminrot und mit einem markanten fleischroten Netz bedeckt, dessen Maschen zur bräunlichen Basis hin weiter werden. Nur oben ist der Stiel gelb und mit einem zarten weißen Netz überzogen. Das Fruchtfleisch ist hart, weißlich, verfärbt sich an den Schnittstellen blau und geht in schmutzig gelbe Töne über; es riecht unangenehm säuerlich und schmeckt sehr bitter. Der Pilz wächst im Sommer und Herbst vor allem in den Nadelwäldern der Vorgebirge, im Hügelland findet man ihn unter Buchen; er reicht bis in die Gebirgsgegenden. Er gehört zu den schönen Röhrenpilzen, ist des widerlich bitteren Geschmacks wegen aber ungenießbar. Wir halten ihn für leicht giftig, denn er ruft Verdauungsbeschwerden und Erbrechen hervor. Er wird mit dem Satansröhrling, dem Netzstieligen und dem Flockenstieligen Hexenröhrling verwechselt.

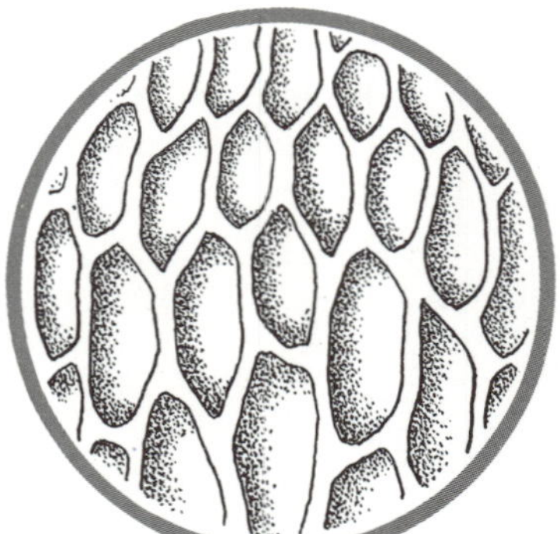

Beim Dickfußröhrling befindet sich am oberen Abschnitt des Stiels auf gelbem Grund ein weißes Netz, am unteren Abschnitt auf karminrotem Grund ein fleischrotes Netz

Röhrenpilze – *Boletaceae*

Netzstieliger Hexenröhrling

Boletus luridus Schaeff. ex Fr.

Röhrenpilze – *Boletaceae*

Flockenstieliger Hexenröhrling, Schusterpilz

Boletus erythropus (Fr. ex Fr.) Pers.

Netzstieliger Hexenröhrling
Der Hut erreicht Breiten von 50 bis 180 mm, ist jung halbkugelig, später gewölbt, im Alter polsterförmig ausgebreitet, olivocker, gelborange, wie samtig und trocken, an Druckstellen dunkel oder intensiv blau verfärbend. Die Röhren sind gelb, ihre Mündungen rot und nach Berührung blau. Der Stiel ist zylindrisch, unten keulenförmig erweitert, in der unteren Hälfte rot, oben gelblich, mit einem auffallenden rotmaschigen Netz verziert. Das Fruchtfleisch ist gelb, verfärbt sich an Schadstellen deutlich blau, riecht und schmeckt angenehm mild nach Pilzen. Dieser Röhrling wächst vereinzelt im Sommer und am Herbstanfang in allen Wäldern, am häufigsten in den Laubwäldern wärmerer Gegenden. Er gehört zu den guten Speisepilzen, erfordert jedoch eine gründliche Behandlung mit Wärme; roh genossen und in Verbindung mit Alkohol ist er schwach giftig und kann Verdauungsbeschwerden hervorrufen. Vom Dickfußröhrling unterscheidet er sich durch die roten Mündungen der Röhren und den milden Geschmack des Fruchtfleisches.

Flockenstieliger Hexenröhrling
Der Flockenstielige Hexenröhrling wird auf der folgenden Doppelseite ausführlich beschrieben. Vom Dickfußfußröhrling unterscheidet er sich durch die roten Mündungen der Röhren bei den ausgewachsenen Fruchtkörpern und den rot geschuppten Stiel.

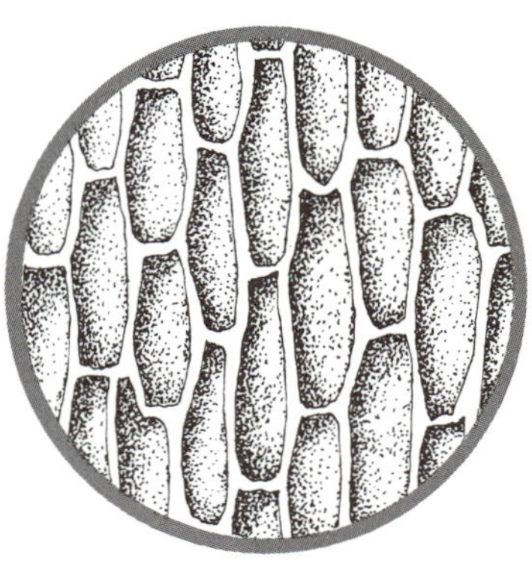

Der Netzstielige Hexenröhrling weist ein Netz mit auffallend roten Maschen auf

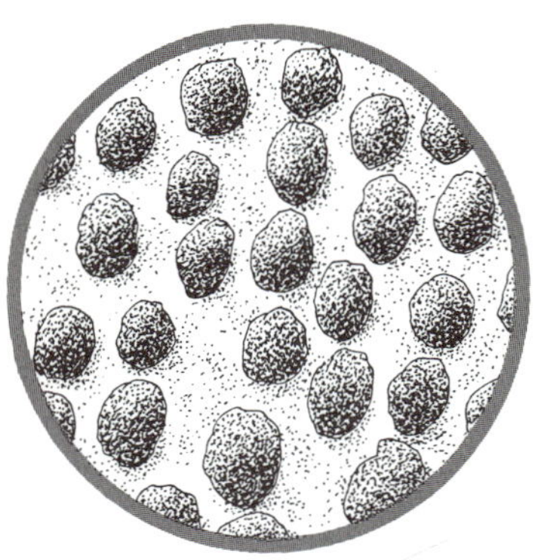

Der Flockenstielige Hexenröhrling besitzt einen rotschuppigen Stiel

☠ Satansröhrling, Satanspilz

Röhrenpilze – *Boletaceae*

Boletus satanas Lenz

Der Hut ist 50 bis 230 mm breit, im Jugendstadium fast kugelförmig, später halbkugelig, im Alter flach polsterförmig ausgebreitet, weißlich, graugelblich bis silbrig braun, auf der Oberseite höckerig, mit fein filziger Oberhaut. Die Röhren sind gelb, ausgewachsen nur 10 bis 25 mm lang, verfärben sich im Schnitt schwach blau. Die Röhrenmündungen sind karminrot, ausgewachsen olivfarben, durch Druck verfärben sie sich grünlich blau. Der Stiel ist beim Jungpilz rübenartig geschwollen, oben gelb und mit feinem, rotem Netz, in der Mitte karmin, unten hellocker. Das Fruchtfleisch ist weißlich, an Schadstellen leicht bläulich, es verändert bei Trockenheit die Farbe fast nicht; es hat bei jungen Fruchtkörpern einen schwach würzigen Geruch, der im Alter in einen unangenehmen Gestank übergeht, der an faulende Zwiebeln erinnert. Der Geschmack ist schwach säuerlich nußartig. Der Pilz wächst selten von Juli bis September in wärmeren Gebieten auf kalkigen Böden, vor allem unter Hainbuchen, Eichen und Linden. Er ruft roh und nicht vollkommen gar genossen hartnäckiges Erbrechen und starke Schmerzen im Verdauungssystem hervor. Tödliche Vergiftungen mit diesem Pilz wurden bis jetzt noch nicht registriert. Der gründlich mit Wärme behandelte Satansröhrling ist genießbar, er sollte aber wegen seiner Seltenheit geschützt werden.

Der Satansröhrling hat auf dem Stiel ein rotes Netz

Rötlingsartige – *Entolomataceae*

Mehlpilz, Mehlräsling, Pflaumenpilz

Clitopilus prunulus (Scop. ex Fr.) Kumm.

Ritterpilze – *Tricholomataceae*

Nelkenschwindling, Feldschwindling

Marasmius oreades (Bolt. ex Fr.) Fr.

Mehlpilz
Die eingehende Beschreibung des Mehlpilzes befindet sich auf Seite 153. Er unterscheidet sich vom Weißlichen Rißpilz vor allem durch den kurzen zylindrischen Stiel und die sehr weit herablaufenden, beim erwachsenen Pilz fleischrosafarbenen Lamellen.

Nelkenschwindling
Der Hut ist 15 bis 35 mm breit, jung stumpf kegelförmig oder halbkugelig gewölbt, später flach ausgebreitet, mit einem stumpfen Buckel in der Mitte, glatt, sehr hygrophan, semmel- oder hellfleischfarben, bei feuchter Witterung dunkler. Die Lamellen sind sehr schütter, dick, hoch, am Stiel ausgeschnitten, etwas heller gefärbt als die Hutoberfläche. Der Stiel ist zylindrisch, lang, dünn, voll, hellockerfarben, unten weiß filzig, elastisch bis unzerbrechlich. Das Fruchtfleisch ist weißlich, sehr dünn, unveränderlich, schmeckt angenehm und riecht intensiv nach bitteren Mandeln. Der Nelkenschwindling wächst von Mai bis Oktober im Gras, in Wäldern, Gärten und Parks von den Niederungen bis in die Gebirge. Er ist ein ausgezeichneter Speisepilz und eignet sich für Suppen. Für die Verwendung in der Küche werden nur die Hüte gesammelt. Vom Weißlichen Rißpilz unterscheidet er sich durch den elastischen Stiel und den Bittermandelgeruch.

Mehlpilz

Nelkenschwindling

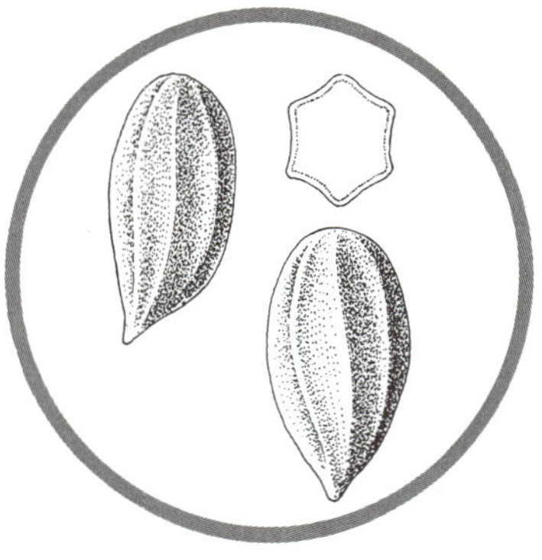

Sporen des Mehlpilzes

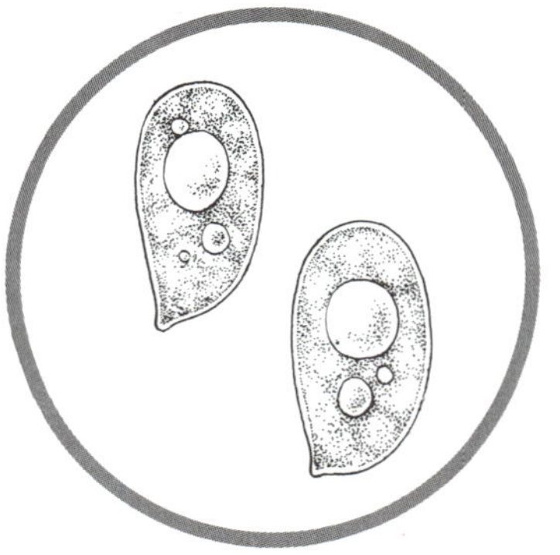

Sporen des Nelkenschwindlings

Röhrenpilze – *Boletaceae* **Flockenstieliger Hexenröhrling, Schusterpilz**

Boletus erythropus (Fr. ex Fr.) Pers.

Der Hut ist 50 bis 180 mm breit; anfangs halbkugelig, später gewölbt bis ausgebreitet, dunkelbraun bis schwarzbraun, auf der Oberfläche samtig bis filzig, trocken, im Alter kahl; durch Altern und Druck verfärbt er sich grauschwarz. Die Röhren sind anfangs gelb, später gelbgrün, sie verfärben sich an Schnittstellen sofort blau und sind am Stiel ausgeschnitten. Die Mündungen der Röhren sind rundlich, klein, anfangs gelb, ausgewachsen rußig zinnoberrot und verfärben sich bei Berührung schnell. Der Stiel ist jung bauchig, später zylindrisch oder keulenförmig, unter dem Hut gelb, in der Mitte auf gelbem Untergrund rot, geschuppt, unten leicht filzig, ohne Netz. Das Fruchtfleisch ist sattgelb, verfärbt sich an Bruch- oder Schnittstellen sofort intensiv blau, verblaßt dann nach einiger Zeit wieder und bleibt graugelb. Geschmack und Geruch sind angenehm pilzig. Dieser Röhrling wächst häufig im Sommer und im Herbst in den Kieferngehölzen der Vorgebirge und kommt in geringerer Zahl auch unter Laubbäumen auf den Dämmen von Teichen vor. Er gehört zu den ausgezeichneten Speisepilzen und ist besonders wegen des festen Fruchtfleisches und des starken Aromas beliebt. Er wird zu Saucen und Suppen verarbeitet, muß aber gekocht werden, da er roh giftig ist. Man unterscheidet ihn vom Satansröhrling sicher durch die dunklere Hathaut und die roten Schuppen am Stiel.

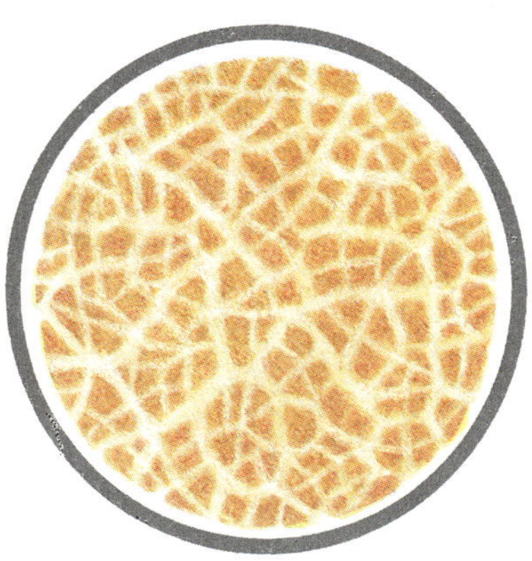

Die Stieloberfläche des Flockenstieligen Hexenröhrlings ist rot geschuppt

☠ Grauer Faltentintling, Antialkoholikerpilz

Coprinus atramentarius (Bull. ex Fr.) Fr.

Der Hut ist 30 bis 60 mm breit, jung eiförmig, grauweiß, grau oder graubraun, bald glockenförmig, später ausgebreitet, markant längs gerieft und an der Spitze braun flockig. Nach der Sporenreife beginnt sich der Hutrand nach oben zu biegen, zersetzt sich durch die Wirkung von Enzymen allmählich und wird zu einem schwarzen, schmierigen Brei. Die Lamellen sind beim Jungpilz dicht, gedrückt, an der Schneide weiß, sie verfärben sich bald dunkel und zerfließen zu schwarzem Brei. Der Stiel ist bis 200 mm hoch, ausbrechbar, zylindrisch, ausgewachsen hohl, weiß, glatt, glänzend und wurzelnd. Die Fruchtkörper wachsen in Büscheln, oft auf zellulosehaltigen Substraten. Das Fruchtfleisch ist weiß, unveränderlich, es schmeckt und riecht nicht besonders. Der Pilz wächst von Mai bis November an stark gedüngten Stellen, auf Weiden, in Gärten, Parks, Plantagen, auf Komposthaufen, Waldwegen, in Gräben und auch auf Schutt- und Müllhalden inmitten von Siedlungen. Er kommt von den Niederungen bis in die Vorgebirge häufig vor. Er wird zu den giftigen Pilzen gezählt, denn mit dem Faltentintling angerichtete Speisen können in Verbindung mit Alkohol intensive Azetaldehydvergiftungen hervorrufen. Die Vergiftungsanzeichen machen sich innerhalb von 30 Minuten bis zwei Stunden nach dem Genuß von Alkohol bemerkbar.

Achtung! Nach dem Verzehr von Faltentintlingen darf man keinerlei alkoholischen Getränke zu sich nehmen!

Schopftintling, Spargelpilz

Coprinus comatus (Müll. ex Fr.) S. F. Gray

Der Hut ist in der Jugend zylindrisch, 30 bis 60 mm breit und 50 bis 100 mm hoch, später glockenförmig, grobschuppig, weiß, an der Spitze ockerfarben. Im Alter wölbt sich der Hutrand zur Zeit der Sporenreife nach oben. Das Fruchtfleisch geht einschließlich der Huthaut von rosafarbenen zu schwarzvioletten Tönen über, bis dann der gesamte Hut zu einem schwarzen, schmierigen Brei zerfließt. Die Lamellen sind anfangs dicht, frei, weiß, erheblich hoch, später rosa getönt und werden schließlich ebenfalls zu schwarzem Brei. Bei jungen Fruchtkörpern findet man einen häutigen Schleier vor, der die Lamellen bedeckt; im Alter bleibt von ihm ein weißer, am Stiel verschiebbarer Ring. Der Stiel ist ausbrechbar, zylindrisch, recht lang und oft wurzelnd, ausgewachsen hohl, weiß, glatt und glänzend. Das Fruchtfleisch ist weißlich, unveränderlich, schmeckt und riecht angenehm. Der Pilz wächst von April bis November meistens in Büscheln, manchmal auch einzeln an stark gedüngten Stellen, auf Weiden, in Gärten, Parks, Plantagen und auf Müllhalden. Er tritt von den Niederungen bis in die Vorgebirge in der Regel nach Regen häufig auf. Dieser Pilz ist eßbar, findet in der Küche aber nur beschränkte Verwendung. Die Fruchtkörper müssen sofort verarbeitet werden, da sie sonst ausreifen und sich in flüssigen Brei verwandeln. Er unterscheidet sich vom Grauen Faltentintling durch die Schuppen und die zylindrische Form des Huts.

Die aus dem Schopftintling zubereitete Speise ruft in Kombination mit alkoholischen Getränken keine Vergiftung hervor

☠ Erdblättriger Rißpilz, Erdblättriger Faserkopf

Inocybe geophylla (Sow. ex Fr.) Kumm

Der Hut mißt im Durchmesser 5 bis 30 mm; er ist im Jugendstadium eiförmig und durch einen Haarschleier mit dem Stiel verbunden, bald kegelförmig, im Alter ausgebreitet bis flach mit ausgeprägter Spitze, strahlenförmig aufplatzend, lilafarben bis sattviolett gefärbt, im Alter verblassend, in der Mitte gelb verfärbend, glatt und seidig. Die Lamellen stehen mäßig dicht, frei, sind jung weißlich, später lehmgelb bis braun, mit weißen Schneiden. Der Stiel ist dünn, an der Basis zwiebelig erweitert, hellviolett, im Alter verblassend. Das Fruchtfleisch ist dünn, weißlich, violett getönt und unveränderlich, schmeckt unangenehm und riecht spermatisch. Der Pilz wächst von Juli bis Oktober in allen Wäldern, in Hainen, auf den Dämmen von Teichen und in Parks, er bildet auf dem Boden umfangreiche Gruppen. Er tritt von den Niederungen bis in die Vorgebirge auf. Dieser Pilz kann Muskarinvergiftungen hervorrufen. Sein Muskaringehalt ist unterschiedlich hoch, aber immer gefährlich. Der Erdblättrige Rißpilz wird oft mit anderen kleinen violetten Pilzarten, vor allem mit dem Violetten Lacktrichterling verwechselt.

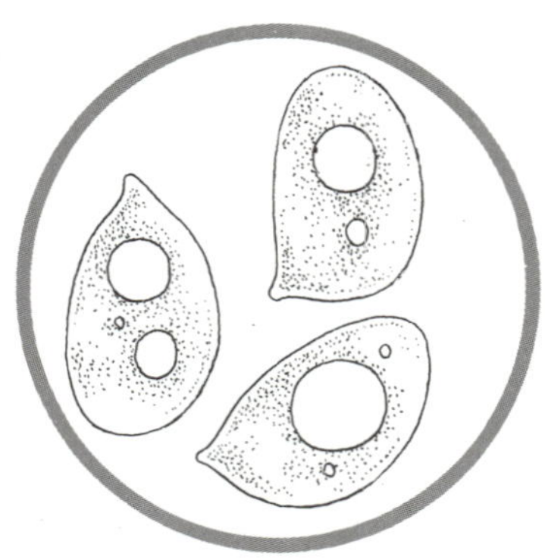

Sporen des Erdblättrigen Rißpilzes

Violetter Lacktrichterling, Lackbläuling

Laccaria amethystina (Bolt. ex Hooker)

Der Hut ist 20 bis 50 mm breit, jung gewölbt, später flach, in der Mitte eingedrückt, auf der Oberseite anfangs kahl, später samtig bis fein flockig, jung sattviolett, im Alter zu Ockertönen verblassend, am Rand fein gerieft und mäßig wellig. Die Lamellen sind 3 bis 7 mm hoch, immer violett, schütter, oft gekräuselt und von den Sporen weiß bestäubt. Der Stiel ist völlig violett, 30 bis 70 mm hoch, 3 bis 5 mm breit, fest, zylindrisch, manchmal gebogen und gedrückt, im Jugendstadium voll, später röhrenartig hohl. Das Fruchtfleisch ist anfangs violett angehaucht, verblaßt später zu hellvioletten Tönen, ist im Stiel zäh, schmeckt und riecht nicht besonders. Der Pilz wächst von Juni bis Oktober in Laub- und Nadelwäldern, oft in zahlreichen Gruppen. Er wird Suppen und Mischgerichten beigegeben und überall dort verwendet, wo farbige Buntheit erwünscht ist. Er behält zum Beispiel in saueren Aufgüssen seine Farbigkeit bei. Für Küchenzwecke werden nur die Hüte gesammelt. Der Lacktrichterling unterscheidet sich vom Erdblättrigen Rißpilz am besten durch die violetten Lamellen, eventuell auch durch mikroskopische Untersuchung der Sporen.

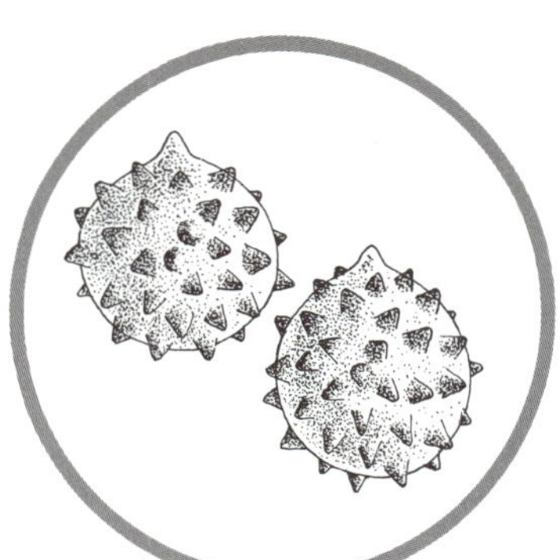

Sporen des Violetten Lacktrichterlings

☠ Weißlicher Rißpilz

Inocybe argillacea (Pers. ex Fr.) Sing.

Der Hut ist 5 bis 30 mm breit, jung eiförmig, durch einen Haarschleier mit dem Stiel verbunden, bald kegelförmig, im Alter ausgebreitet bis flach mit niedrigem Buckel, strahlenförmig aufplatzend; die Huthaut ist faserig, seidig, weiß und verfärbt sich im Alter an der Spitze gelb. Die Lamellen stehen mittelmäßig dicht, frei, sind lange weiß, verfärben sich im Alter braun und haben weiße, fransige Schneiden. Der Stiel ist dünn, unten leicht zwiebelförmig verdickt, seidig, weiß. Das Fruchtfleisch ist dünn, weiß, unveränderlich, schmeckt unangenehm und riecht spermatisch. Der Pilz wächst von Juli bis Oktober in allen Waldarten, in Hainen, Parks und Gärten, auf Teichdämmen und Friedhöfen. Manche Fachleute sehen diese Art als Albinoform des Erdblättrigen Rißpilzes an. Sie kann mit einem verhältnismäßig hohen Muskaringehalt zu Vergiftungen führen, deren Verlauf auf Seite 26 beim Ziegelroten Rißpilz beschrieben ist. Der Weißliche Rißpilz wurde schon oft mit einigen genießbaren Arten, zum Beispiel mit dem Mehlpilz oder dem Nelkenschwindling, verwechselt.

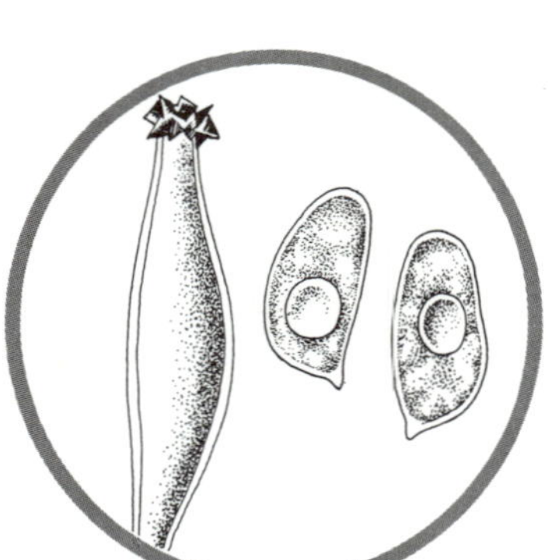

Zystiden und Sporen des Weißlichen Rißpilzes

☠ Struppiger oder Walzensporiger Rißpilz, Gemeiner Wirrkopf

Inocybe lacera (Fr.) Kumm

Der Hut hat einen Durchmesser von 20 bis 30 mm, ist beim Jungpilz mit braunem oder braunockerfarbenem Flaum bedeckt, kegelförmig, bald ausgebreitet gewölbt, manchmal mit kleinem Buckel, im Alter strahlenförmig aufgerissen. Die Huthaut ist trocken, anfangs angedrückt, filzig, bald von der Spitze her abstehend schuppig, graubraun bis braun, mit durchscheinender gelbbräunlicher Unterhautschicht, der Rand ist seidig, oft aufgerissen. Die Lamellen stehen recht dicht, sind frei, jung weißlich, später bräunlich mit fleischfarbenem Ton und weißen Schneiden. Der Stiel ist gerade, verhältnismäßig dünn, faserig, unten mäßig verdickt, graubraun, oben lange weiß und mit zarten bräunlichen Fasern versehen. Das Fruchtfleisch ist dünn, weißlich, im Stiel bräunlich, schmeckt nicht besonders bis unangenehm und riecht spermatisch. Der Pilz wächst zahlreich von Juni bis Oktober in Nadelwäldern, an Wegen, auf den Dämmen von Teichen, an Waldrändern und auf rekultivierten Halden, am meisten in Kieferngehölzen auf Sandböden, von den Niederungen bis in die Vorgebirge. Dieser giftige Pilz enthält eine größere Menge Muskarin. Obwohl es sich um einen unscheinbaren Pilz handelt, verursacht er manchmal Vergiftungen, weil er von unaufmerksamen Pilzsuchern mit dem Nelkenschwindling, dem Lacktrichterling oder anderen kleinen Arten verwechselt wird.

Schnitt durch den Struppigen Rißpilz

Nelkenschwindling, Feldschwindling

Marasmius oreades (Bolt. ex Fr.) Fr.

Die ausführliche Beschreibung des Nelkenschwindlings befindet sich auf den Seiten 69 und 125. Hier sollen nur erneut die Unterscheidungsmerkmale aufgezeigt werden, damit es nicht zu Verwechslungen mit einem Rißpilz kommen kann. Die Lamellen des Nelkenschwindlings stehen sehr schütter, der Stiel ist elastisch und der Pilz riecht intensiv nach bitteren Mandeln. Beim Struppigen Rißpilz stehen die Lamellen dicht, der Stiel ist bruchig, der Pilz riecht spermatisch und hat darüber hinaus noch eine filzige Hutoberfläche.

Schnitt durch den Fruchtkörper des Nelkenschwindlings (zu beachten sind die entferntstehenden Lamellen)

☠ Rübenstieliger Rißpilz

Inocybe napipes J. Lange

Der Hut hat einen Durchmesser von 30 bis 50 mm, ist im Jugendstadium kegelförmig, später breit kegelig mit einem dauerhaften spitzen Buckel. Die Huthaut ist anfangs fast kahl oder sehr feinfaserig, bald aber strahlig gefasert, dunkelbraun, an der Spitze bis schwarzbraun. Die Lamellen stehen recht dicht, sind am Stiel ausgebuchtet und über ein kleines Zähnchen mit diesem verwachsen, sie sind weißlich, gräulich, im Alter bis hellbraun. Der Stiel ist zylindrisch, dünn, gerade, unten zu einer kleinen rübenförmigen Knolle erweitert, feinfaserig, lang gestreift, oben bereift, weißlich braun, an der Knolle weißlich. Das Fruchtfleisch ist weißlich, leicht braun verfärbend, schmeckt nicht besonders und riecht schwach spermatisch. Der Pilz wächst am Sommerende und im Herbst in moosigen Fichten- und Kiefern-gehölzen oder in Birkenwäldern. Die Fruchtkörper treten in kleinen Gruppen auf. Dieser recht giftige Pilz enthält eine sehr große Menge Muskarin. Er ist genauso gefährlich wie der Ziegelrote Rißpilz – siehe Seite 26. Der Giftstoffgehalt verändert sich auch nicht durch die Behandlung mit Wärme oder das eventuelle Abtrocknen des Fruchtkörpers. Es sind Fälle bekannt, in denen der Rübenstielige Rißpilz mit dem Nelkenschwindling verwechselt wurde.

Schnitt durch den Rübenstieligen Rißpilz

Nelkenschwindling, Feldschwindling

Marasmius oreades (Bolt. ex Fr.) Fr.

Die ausführliche Beschreibung befindet sich auf den Seiten, 69 und 125. Der Nelkenschwindling wächst zahlreich von Mai bis Oktober in Ringen oder umfangreichen Gruppen auf Wiesen, Weiden, in grasigen Wäldern von den Niederungen bis in die Gebirge. Er ist ein schmackhafter eßbarer Pilz, es werden nur die Hüte gesammelt. Er unterscheidet sich vom Rübenstieligen Rißpilz durch seinen elastischen, sehr widerstandsfähigen, fast unzerbrechlichen Stiel, die schütteren Lamellen und vor allem durch den angenehmen Bittermandelgeruch.

Schnitt durch den Nelkenschwindling (neben den entferntstehenden Lamellen erkennt man ihn auch am elastischen Stiel und am angenehmen Bittermandelgeruch)

Grünblättriger oder Bitterer Schwefelkopf

Hypholoma fasciculare (Huds. ex Fr.) Kumm

Der Hut ist 20 bis 50 mm breit, im Jugendstadium glockig, später gewölbt bis flach, mit niedrigem rundlichem Buckel, schwefelgelb, in der Mitte orange- bis rostrot, glatt, kahl, bei Feuchtigkeit mit glänzender Oberhaut. Die Lamellen stehen dicht, sind abgerundet mit dem Stiel verbunden, jung schwefelgelb, später schmutzig grün, ausgewachsen bis schwarzviolett. Sie sind beim Jungpilz mit einem Haarschleier überzogen, von dem im Alter am Hutrand nur kleine Fransen und als verschwindender Ring am Stiel einige Reste verbleiben. Der Stiel ist zylindrisch, schlank, gerade oder mäßig gebogen, ausgewachsen hohl, glatt, kahl, schwefelgelb, unten bräunlich. Das Fruchtfleisch ist gelb, in der Stielbasis bräunlich, unveränderlich, riecht erdig und schmeckt widerlich bitter. Der Pilz wächst von März bis Dezember in umfangreichen Büscheln auf verwitternden Baumstümpfen und Wurzeln von Laub- und Nadelbäumen. Er tritt von den Niederungen bis in die Gebirge massenhaft auf. Er ist wegen seines widerlich bitteren Geschmacks ungenießbar. Manchen Angaben zufolge kann er ähnliche Vergiftungen wie der Grüne Knollenblätterpilz hervorrufen und es wurden sogar einige Todesfälle registriert.

Der Grünblättrige Schwefelkopf hat in der Jugend schwefelgelbe, später schmutziggrüne Lamellen

Rauchblättriger oder Milder Schwefelkopf

Hypholoma capnoides (Fr. ex Fr.) Kumm.

Der Hut hat einen Durchmesser von 20 bis 50 mm, ist dünnfleischig, jung halbkugelig gewölbt, später flach ausgebreitet, gelb- oder ockerbraun, trocken, glatt, am scharfen Rand manchmal mit Schleierresten. Die Lamellen stehen dicht, sind mittelbreit, am Stiel abgerundet, jung weißlich, später mohnfarben blaugrau, im Alter bis violettbraun. Sie sind im frühen Jugendstadium mit einem gelblichen Haarschleier überdeckt, der beim erwachsenen Pilz verschwindet. Der Stiel ist schlank, zylindrisch, oft durchgebogen oder verkrümmt, so wie das Einzelexemplar durch das Substrat oder das Pilzbüschel dem Licht entgegen gewachsen ist. Er ist oben weißlich, seidig glänzend, voll, später hohl, unten bräunlich gefärbt, angedrückt faserig, in der Jugend mit Ringresten im oberen Bereich. Das Fruchtfleisch ist weißlich oder hellgelblich, saftig, unveränderlich, riecht schwach muffig und schmeckt sehr angenehm pilzig nußartig. Der Pilz wächst häufig im Herbst (im Frühling kommt er selten vor) in ganzen Büscheln in Nadelwäldern aus den Baumstümpfen und toten Wurzeln vor allem von Fichten hervor. Man findet ihn von den Niederungen bis ins Gebirge, wo er in der kälteren Periode am häufigsten ist. Er gehört zu den guten Speisepilzen. Vom Grünblättrigen Schwefelkopf ist er leicht durch den angenehmen Geschmack des Fruchtfleisches und die blaugrauen Lamellen zu unterscheiden.

Der Rauchblättrige Schwefelkopf hat anfangs weißliche, später blaugraue Lamellen

☠ Maggipilz, Bruchreizker

Lactarius helvus (Fr.) Fr.

Der Hut ist 50 bis 120 mm breit, zuerst flach gewölbt, später flach mit nabelartig eingedrückter Mitte, ockerbraun, flockig anliegend geschuppt, trocken, im Jugendstadium eingerollt, spröde. Die Lamellen sind 3 bis 5 mm hoch, mäßig dicht, gelblich ocker, am Stiel herablaufend. Der Stiel ist walzenförmig, 40 bis 120 mm hoch, 5 bis 25 mm breit, genauso gefärbt wie der Hut oder ein wenig blasser, an der Basis durch das Pilzgeflecht weiß filzig, im Alter hohl. Das Fruchtfleisch ist hellockerfarben, in der Stielbasis oft rotbraun, an Schadstellen verfärbt es sich fleischrot, beim Jungpilz ist es hart und brüchig, im Alter krümelig. Aus den Schnittstellen quillt klare, wässerige Milch, die mild und manchmal ein wenig bitter schmeckt. Junge Fruchtkörper riechen angenehm nach Obst, heranwachsende und vertrocknende Exemplare erinnern im Geruch an Zichorie oder Maggigewürz. Der Pilz wächst zahlreich von Juli bis Oktober in feuchten Nadelwäldern. Die Fruchtkörper treten in großen Gruppen auf, häufig auf saueren Unterlagen, auch im Torfmoos. Diese Art ist ungenießbar und gehört zu den mäßig giftigen Pilzen. Sie wird manchmal als Suppengewürz empfohlen. Nach dem Genuß einiger Fruchtkörper äußert sich bei den meisten Leuten nach 1 bis 4 Stunden die Vergiftung durch Erbrechen und Durchfälle.

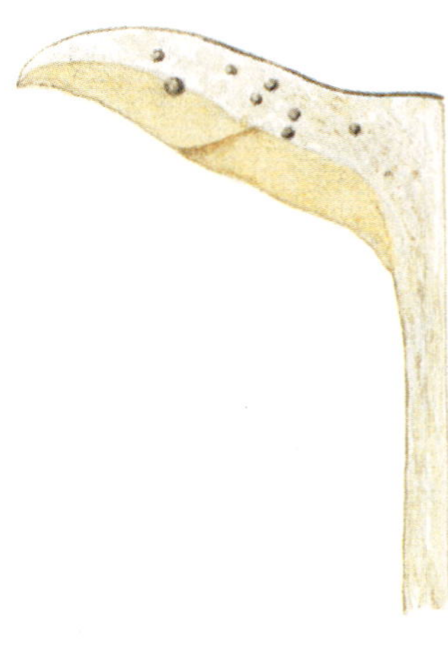

Schnitt durch einen Teil des Fruchtkörpers des Maggipilzes

Milchbrätling, Birnenmilchling

Lactarius volemus (Fr.) Fr.

Der Hut hat einen Durchmesser von 50 bis 150 mm, ist beim Jungpilz mit eingerolltem Rand gewölbt, später flach, in der Mitte mäßig eingedrückt, fleischig, fest, brüchig, rotbraun oder orange, trocken, im Alter und bei Trokkenheit leicht aufgeplatzt. Die Lamellen sind 4 bis 7 mm hoch, dicht, weißlich bis cremefarben, verfärben sich im Alter rostig braun, laufen am Stiel herab. Der Stiel ist zylindrisch, 60 bis 110 mm lang, 15 bis 20 mm breit, voll, glatt, ringlos, hellrotbraun oder orange. Das Fruchtfleisch ist brüchig, hart, weißlich, an Schnittstellen quillt eine große Menge weißer süßer Milch hervor, die nach dem Eintrocknen bräunliche Flecken hinterläßt. Es schmeckt süßlich und riecht angenehm pilzig, im Alter fischähnlich. Der Milchbrätling wächst im Sommer und im Herbst in allen Wäldern, vor allem in mit Birken durchsetzten Kieferngehölzen. Die Fruchtkörper treten meistens einzeln und nur selten in Gruppen auf. Wenn die Milchbrätlinge erscheinen, bedeutet das, daß die Feuchtigkeit des Waldes zurückgeht, so daß die anderen Pilze ihr Wachstum einstellen. Dieser ausgezeichnete Speisepilz kann auch roh genossen werden. Vom Maggipilz unterscheidet er sich vor allem durch die große Menge süßer weißer Milch und die glatte Hutoberfläche.

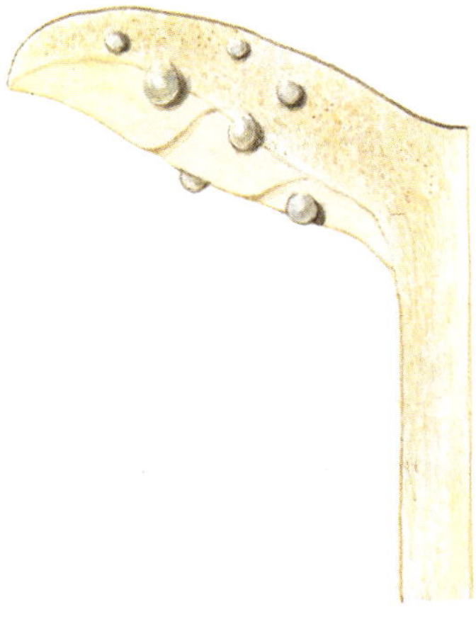

Schnitt durch einen Teil des Fruchtkörpers des Milchbrätlings (zu beachten ist die große Menge weißer Milch)

☠ Birkenreizker, Falscher oder Zottiger Reizker

Lactarius torminosus (Schaeff. ex Fr.) S. F. Gray

Der Hut erreicht Breiten von 50 bis 120 mm und ist im Jugendstadium gewölbt, auffallend eingerollt, am Rand stark behaart, fleischfarben rosa oder rötlich mit einigen zentrischen helleren Ringen. Die Hutmitte ist in der Jugend nabelartig eingedrückt und im Alter leicht trichterförmig. Die Lamellen sind 3 bis 4 mm hoch, dicht, cremefarben rosa, am Stiel herablaufend. Der Stiel ist zylindrisch, hart, brüchig, hohl, blaß bis leicht rosafarben, 30 bis 70 mm hoch, 10 bis 25 mm breit. Das Fruchtfleisch ist weißlich, unter der Haut von Hut und Stiel rosafarben, schmeckt brennend scharf und riecht nicht besonders. Die Milch ist weiß, brennend scharf und unveränderlich. Der Pilz wächst im Sommer und vor allem im Herbst in hellen Wäldern in großen Mengen unter Birken. Er bevorzugt saure Böden und tritt auch außerhalb des Waldes unter Birken auf. Dieser giftige Pilz ruft Durchfälle und Erbrechen hervor. Die Giftstoffe sind in der brennenden Milch enthalten.

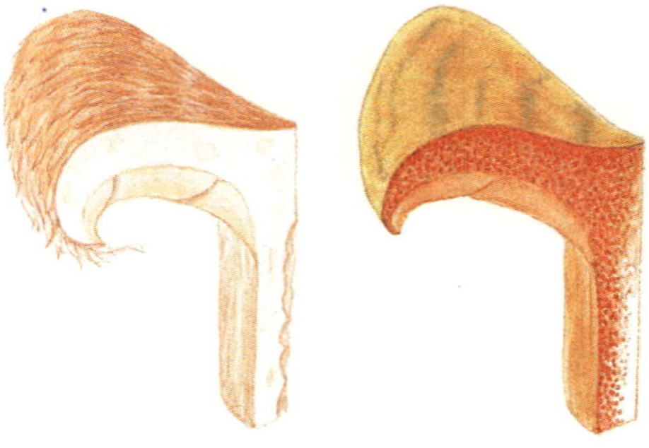

Schnitt durch einen Teil des Fruchtkörpers des Birkenreizkers (links) und des Fichtenreizkers (rechts)

Täublinge – *Russulaceae*

Fichtenreizker, Fichtenmilchling

Lactarius deterrimus Gröger

Täublinge – *Russulaceae*

Echter Reizker, Kiefernreizker, Edelmilchling

Lactarius deliciosus (L. ex Fr.) S. F. Gray

Täublinge – *Russulaceae*

Milchbrätling, Birnenmilchling

Lactarius volemus (Fr.) Fr.

Fichtenreizker

Der Hut ist 30 bis 80 mm breit, jung gewölbt und am Rand eingerollt, später flach, in der Mitte eingedrückt, ausgewachsen bis trichterförmig mit scharfem Rand, fleisch- oder orangerot mit dunkleren zentrischen Ringen und im Alter mit grünen Flecken. Die Lamellen stehen mäßig dicht, sind rotorange, spröde, laufen am Stiel herab und verfärben sich an Schadstellen grün. Der Stiel ist zylindrisch, kurz, spröde, bald hohl, rotorange, grün gefleckt. Das Fruchtfleisch ist weißlich, an Stellen, die mit Milch gesättigt sind, orange, verfärbt sich an Schadstellen allmählich grün. Es schmeckt scharf, zusammenziehend, würzig und riecht angenehm. Der Pilz wächst von August bis Oktober in jungen Fichtengehölzen und am Rande grasbestandener Waldzonen der höheren Lagen. Er unterscheidet sich vom Birkenreizker durch die möhrenrote Milch.

Echter Reizker

Die ausführliche Beschreibung befindet sich auf Seite 107. Diese Art ähnelt dem Fichtenreizker sehr, ist aber größer und fleischiger. Der Hut erreicht einen Durchmesser bis zu 150 mm und weist markantere Ringe auf. Der Pilz wächst unter Kiefern. Er unterscheidet sich vom Birkenreizker durch die möhrenrote Milch.

Milchbrätling

Die eingehende Beschreibung befindet sich auf Seite 77. Man unterscheidet den Milchbrätling vom Birkenreizker sehr leicht durch die süße, weiße, sehr reichlich austretende Milch.

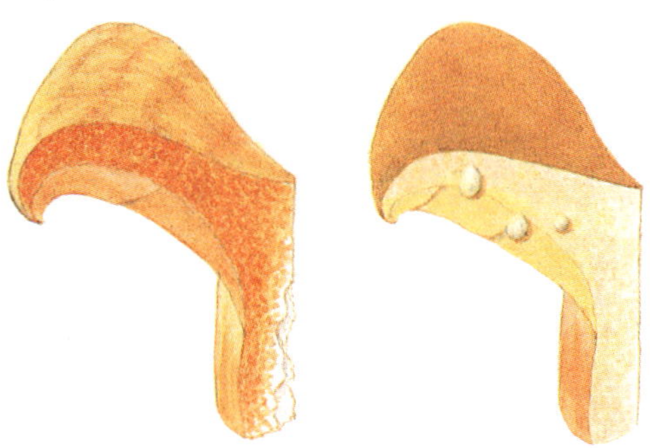

Schnitt durch einen Teil des Fruchtkörpers des Echten Reizkers (links) und des Milchbrätlings (rechts)

Fichtenreizker

Echter Reizker

Milchbrätling

☠ Leuchtender Ölbaumpilz

Omphalotus olearius (Dc. ex Fr.) Sing

Der Hut hat einen Durchmesser von 40 bis 110 mm, ist beim Jungpilz gewölbt, am Rand eingerollt, später ausgebreitet, in der Mitte trichterförmig vertieft, mit scharfem, gebogenem Rand, auf gelboranger Unterlage orange faserig, in der Mitte dunkler bis kastanienbraun, im Jugendstadium eingewachsen schuppig, später kahl, trocken und seidig glänzend. Die Lamellen sind 2 bis 6 mm hoch, dichtstehend, an der Schneide ganzrandig elastisch, beim erwachsenen Pilz tief am Stiel herablaufend, jung goldgelb, später orange, im Dunkeln manchmal blaugrün fluoreszierend. Der Stiel ist 40 bis 120 mm lang, 7 bis 30 mm breit, voll, unter dem Hut am stärksten, zur Basis hin verjüngt, auf der Oberfläche feinfilzig, matt, gelborange oder gelbocker. Das Fleisch ist feinfaserig, recht zäh, trocken, elastisch, gelblich und rosa getönt (bei Trockenheit im Hut weißlich) schmeckt und riecht nicht auffallend. Der Pilz wächst von Juli bis November in wärmeren Gebieten, meistens in reichhaltigen Büscheln auf Baumstümpfen und Stämmen von Laubbäumen oder in deren Nähe. Er tritt oft auch auf wildwachsenden Obstbäumen auf. Dieser Pilz ist giftig, seine Toxine sind bisher nicht genügend erforscht. Schon 1 bis 2 Stunden nach dem Genuß des Pilzes macht sich die Vergiftung bemerkbar.

Der Leuchtende Ölbaumpilz wächst immer auf Holz.

Ritterpilze – *Tricholomataceae*

Ockerbrauner Trichterling

Clitocybe infundibuliformis (Schaeff. ex Weinm.) Quél.

Leistenpilze – *Cantharellaceae*

Echter Pfifferling, Eierschwamm

Cantharellus cibarius Fr.

Ockerbrauner Trichterling
Der Hut ist 30 bis 80 mm breit, jung gewölbt, bald flach, eingedrückt, mit einem kleinen Buckel am Grund, dünnfleischig, glatt, ockergelb bis rotbraun, verblassend, am Rand gebogen. Die Lamellen stehen gedrängt, sie sind niedrig, am Stiel weit herablaufend, anfangs fast weiß, später cremefarben. Der Stiel ist zylindrisch, glatt, kahl, voll, im Alter wattig gestopft, weißlich oder hellocker, an der Basis filzig. Das Fleisch ist weiß, unveränderlich, schmeckt nicht markant, aber angenehm und riecht gut nach Pilzen. Diese Art wächst haufenweise von Juli bis Oktober in allen Waldarten, im Moos an Wegen und auf Waldwiesen. Der sehr gute Speisepilz eignet sich zur Zubereitung von Mischpilzen, erfordert aber eine längere Behandlung mit Wärme. Er wächst niemals auf Holz und ist dadurch leicht vom Leuchtenden Ölbaumpilz zu unterscheiden.

Echter Pfifferling
Der Hut ist 20 bis 70 mm breit, jung gewölbt, später breit gewölbt, sein Rand ist lange eingerollt, schließlich ist er trichterförmig mit gewelltem und lappigem Rand, dottergelb, verblassend, kahl, matt und dünnfleischig. Der Pfifferling hat keine echten Lamellen, sondern nur Leisten; sie sind untereinander verbunden, niedrig, weit am Stiel herablaufend, laubsägeartig, so wie der Hut gefärbt. Der Stiel ist zylindrisch, unten verjüngt, voll, gelb, glatt, kahl und an Druckstellen braun verfärbend. Das Fleisch ist weißlich, schwach gelblich, unveränderlich, schmeckt mäßig scharf und riecht angenehm würzig. Der Pfifferling wächst von Juni bis Oktober in Laub- und Nadelwäldern. Er kann von den giftigen Arten nur mit dem Leuchtenden Ölbaumpilz verwechselt werden. Der Ölbaumpilz wächst meistens auf Holz in Büscheln, während der Pfifferling aus dem Boden wächst.

Ockerbrauner Trichterling

Echter Pfifferling

☠ Goldgelbe oder Orangegelbe Koralle

Ramaria aurea (Schaeff. ex Fr.) Quél.

Goldgelbe Koralle

Der Fruchtkörper ist strauchartig, unregelmäßig kugelförmig und mißt im Durchmesser 60 bis 120 mm. Der mächtige, fleischige, starke, kahle weißliche Stiel verzweigt sich vielfältig in rundliche, nicht gerillte, sehr kurze, dichte, blumenkohlartig zusammengedrängte Ästchen. Beim Jungpilz sind diese Ästchen honig- bis goldgelb, im erwachsenen Zustand ockergelb, sie schließen dann mit einigen goldgelben kegelförmigen Zähnchen ab. Das Fleisch ist innen weißlich, unter der Oberfläche gelblich, weich, schmeckt und riecht unauffällig. Die Goldgelbe Koralle wächst von Juli bis September in Laub-, seltener auch in Nadelwäldern von den Niederungen bis in die Vorgebirge, wo sie häufig vorkommt. Die Fruchtkörper wachsen in kleinen Gruppen. Dieser Pilz gehört zu den mäßig giftigen Arten und enthält den stark abführenden Stoff Emodin, der die Schleimhaut des Dickdarms reizt. Gleich giftigen Stoff enthält auch die Maireis Koralle *(Ramaria mairei),* die selten im Sommer und Anfang Herbst in Nadel- und Laubwäldern vorkommt. Jung hat sie rosaviolette Ästchen, später creme bis hellockerfarben. Das Fruchtfleisch ist innen weißlich, unter der Oberfläche gelblich, weich, anfangs süßlich, später bitter schmeckend; riecht unauffällig.

Maireis Koralle

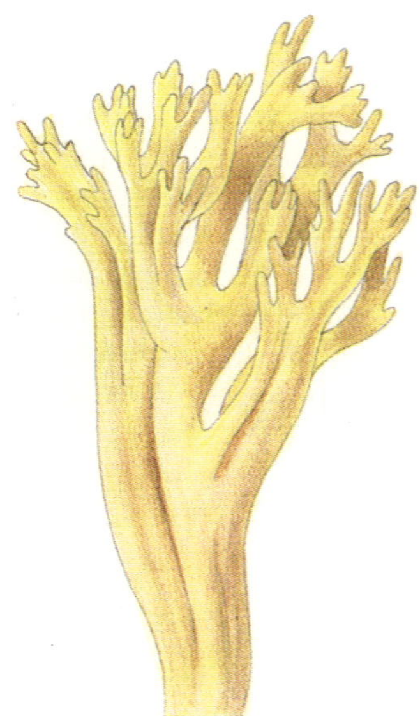

Die Golbgelbe Koralle hat strauchartige Zweige.

Krause Glucke, Fette Henne

Sparassis crispa (Wulf.) ex Fr.

Der Fruchtkörper ist unregelmäßig kugelförmig, 100 bis 400 mm breit, weißlich, cremefarben oder ocker; er setzt sich aus vielfach geteilten, flachen, zusammengedrängten, an den Enden blattartig verbreiterten, stark gekräuselten und am Rand gezähnten Ästchen zusammen, die aus einem starken, im Erdboden versenkten Stiel hervorwachsen. Die blättchenartigen gekräuselten Ästchen sind beidseitig mit der Fruchtschicht bedeckt. Das Fleisch ist weißlich, elastisch, wachsartig, unveränderlich, riecht stark würzig und etwas nach Anis und schmeckt ein wenig stechend, süßlich nußartig. Die Glucke wächst von Juli bis Oktober in Nadelwäldern, meistens an der Basis von Kiefern- oder Lärchenstämmen, kommt meistens auf Sandböden in Kieferngehölzen vor und erinnert von weitem an einen hellen Badeschwamm. Sie gehört zu den ausgezeichneten und vielseitig verwendbaren Speisepilzen und tritt oft büschelweise auf. Dank des Gehalts an antibiotischen Stoffen und der Festigkeit des Fleisches kann die Krause Glucke längere Zeit in einer Schüssel mit Wasser in einem feuchten, kühlen Keller gelagert werden. Sie unterscheidet sich von der Goldgelben Koralle durch die blattförmig verbreiterten Enden der Ästchen.

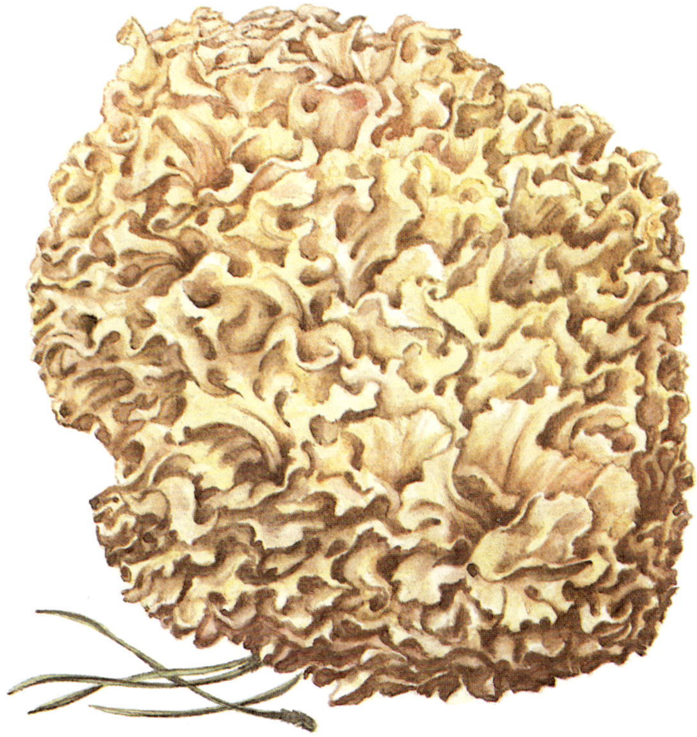

Bei der Krausen Glucke sind die Zweige blattförmig verbreitert

Schnitt durch den Fruchtkörper der Krausen Glucke

☠ Schöne oder Dreifarbige Koralle

Ramaria formosa (Pers. ex Fr.) Quél.

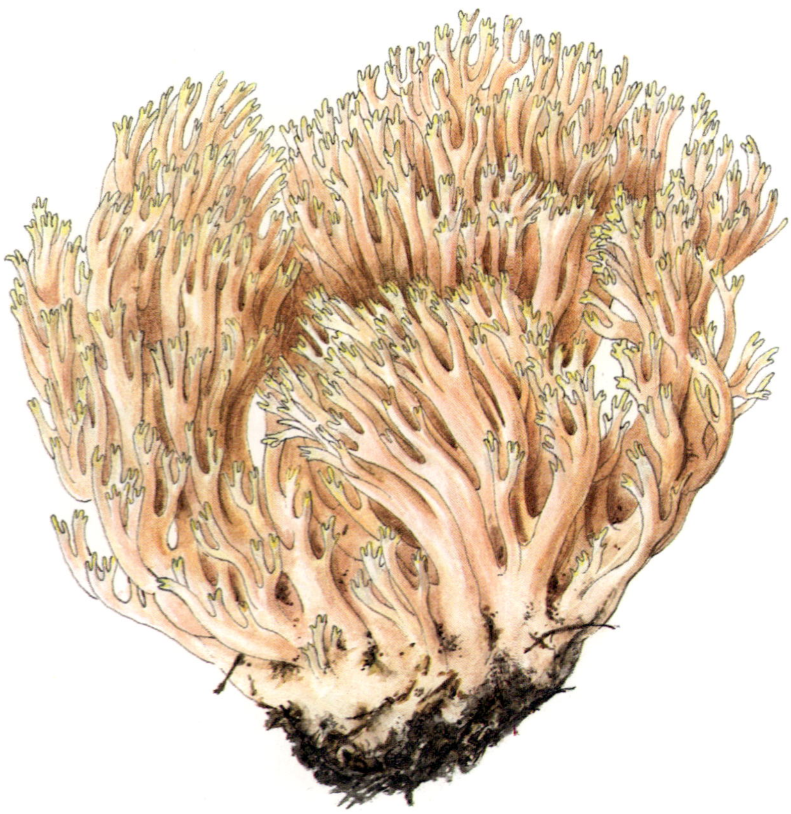

Die Fruchtkörper sind im Vergleich mit den anderen Korallenarten stattlicher, sie sind reich verzweigt, strauchförmig und erreichen eine Höhe bis zu 200 mm und eine Breite von 150 mm. Der Schaftteil ist fleischig, 20 bis 30 mm breit, teilweise im Erdreich verborgen, seine Oberfläche ist kahl, hellocker oder leicht rosa. Er ist zuweilen nur kurz, manchmal langgestreckt oder verzweigt und dringt in die Nachbarbüschel vor. Nach oben hin verzweigt sich diese Koralle reich zu verlängerten Ästchen, die gabelförmig oder gezähnt abschließen. Die Oberfläche der Äste ist meistens glatt, an manchen Stellen zuweilen auch runzlig. Die unteren Abschnitte der Zweige sind hellachsrosa, fleischfarben oder gelbocker, die Enden sind in der Regel anfangs zitronengelb. Nach der Sporenreife verfärbt sich der gesamte Fruchtkörper blaßocker. Das Fruchtfleisch ist im Jugendstadium rosafarben, beim erwachsenen Pilz weiß. Es verfärbt sich an Schadstellen rot, schmeckt unangenehm bitter und riecht nicht markant. Die Fruchtkörper tauchen im Sommer und Herbst häufig vor allem in Laubwäldern auf. Sie wachsen gewöhnlich gesellig. Die Schöne Koralle ist in der gesamten gemäßigten Zone der nördlichen Hemisphäre verbreitet. Sie gehört zu den giftigen Arten, da sie starke Durchfälle verursacht.

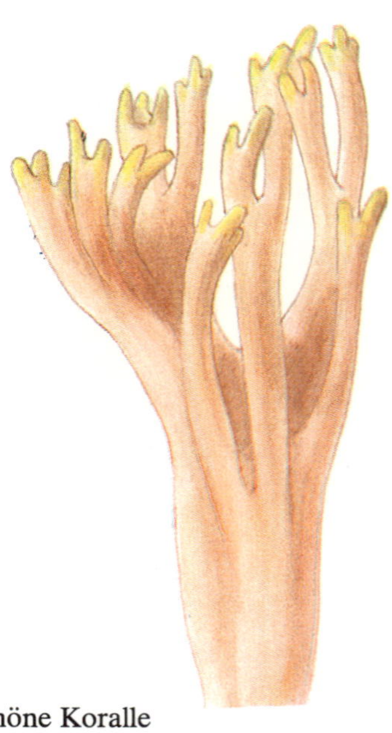

Die Schöne Koralle
hat strauchartige Zweige

Gluckenpilze – *Sparassidaceae*

Krause Glucke, Fette Henne

Sparassis crispa (Wulf.) ex Fr.

Porlinge – *Polyporaceae*

Eichhase

Polyporus umbellatus (Pers. ex Fr.) Pil.

Krause Glucke
Der unregelmäßig kugelförmige Fruchtkörper erreicht Breiten bis zu 400 mm und ein Gewicht von mehreren Kilogramm. Er sieht wie ein Badeschwamm aus. Die genauere Beschreibung befindet sich auf der vorangehenden Doppelseite. Dieser Pilz wächst gewöhnlich in Nadelwäldern, vor allem an den Stämmen von Kiefern und Lärchen. Die Glucke unterscheidet sich von den Korallen durch die Größe und die blattartig flachen Enden ihrer Äste.

Eichhase
Der gesamte Fruchtkörper erinnert im Jugendstadium an den Kopf eines Lamms. In manchen Gegenden wird dieser Pilz deshalb volkstümlich Schafskopf genannt. Der kugelförmige Fruchtkörper des Eichhasen erreicht eine Breite bis zu 400 mm. Der starke Stiel verzweigt sich vielfach zu einer großen Zahl kleiner Füße, die mit Hütchen abschließen. Ein solches Büschel kann bis zu 250 Hüte enthalten, deren Durchmesser 15 bis 40 mm beträgt. Die Hutoberfläche ist feinschuppig, grau oder ocker, in der Mitte eingedrückt. An der Hutunterseite befinden sich niedrige, weiße, am Stiel weit herablaufende Röhren mit kleinen Mündungen. Das weiße Fruchtfleisch ist saftig fleischig, fest, riecht schwach nach Dill und schmeckt sehr gut und angenehm nußartig. Die Fruchtkörper wachsen vor allem in Laubwäldern aus einem schwarzen unterirdischen Sklerotium hervor. Sie treten in wärmeren Gebieten häufiger auf. Der Eichhase ist in der gesamten gemäßigten Zone der nördlichen Halbkugel verbreitet, kommt meistens aber nur selten vor. Er unterscheidet sich von den Korallen deutlich durch die mit Hütchen abschließenden Zweige.

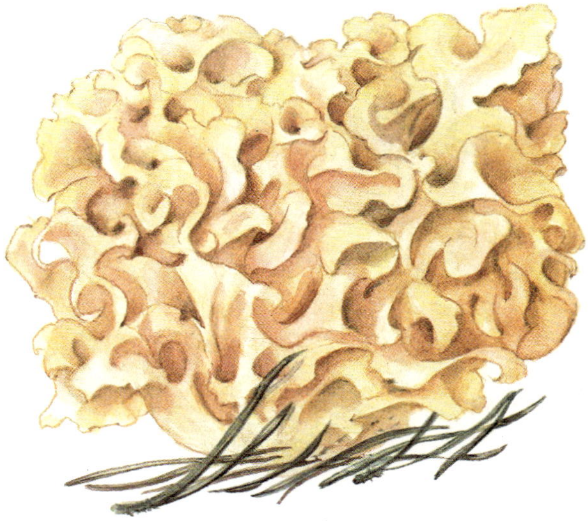

Krause Glucke

Eichhase

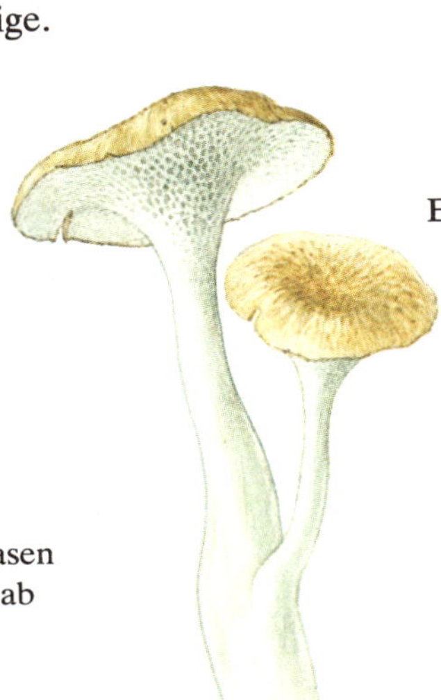

Die Zweige des Eichenhasen schließen mit kleinen Hüten ab

☠ Speitäubling, Speiteufel

Russula emetica (Schaeff. ex Fr.) S. F. Gray

Der Hut hat einen Durchmesser von 40 bis 100 mm, ist jung halbkugelig, bald niedrig gewölbt und ausgebreitet, mäßig eingedrückt, blutrot, nach Regen stark verblassend, kahl, glatt, fettig glänzend, bei Regen klebrig, mit leicht ablösbarer Oberhaut. Die Lamellen sind gedrängt, frei, am Stiel abgerundet, jung reinweiß, später leicht gelblich. Der Stiel ist zylindrisch, brüchig, reinweiß, selten ein wenig rötlich, ausgewachsen wattig gestopft. Das Fleisch ist weiß und nur unter der Huthaut rot, unveränderlich, schmeckt stark brennend und riecht angenehm nach Obst. Der Pilz wächst von Juli bis Oktober in allen schattigen Wäldern, er tritt in sumfigen Nadelgehölzen im tiefen Moos in großen Mengen auf. Er gehört von der Färbung her zu den schönsten Pilzen, wird wegen des hohen Gehalts an harzigen Substanzen aber zu den gefährlichen Arten gezählt. Er verursacht vor allem bei ungenügender Behandlung mit Wärme hartnäckige Magenbeschwerden mit starkem Erbrechen. Hiervon leitet sich auch die volkstümliche Bezeichnung Speitäubling ab, ebenso der botanische Artname.

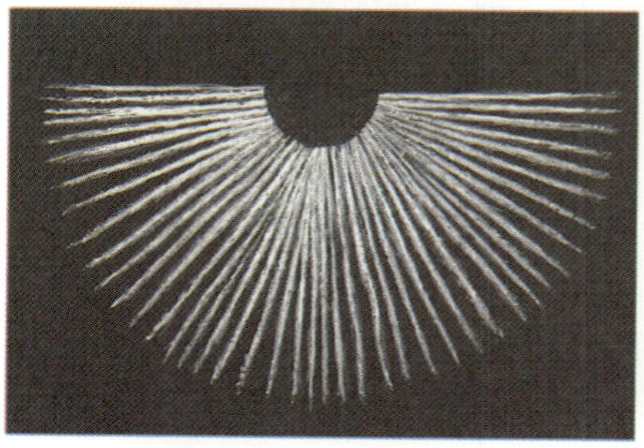

Sporenstaub des Speitäublings

Apfeltäubling

Russula paludosa Britz.

Der Hut ist 50 bis 150 mm breit, jung halbkugelig, bald flach, eingedrückt, hagebutten- oder erdbeerrot, verblassend, glatt und klebrig; die Huthaut ist zu zwei Dritteln abschälbar. Die Lamellen sind gedrängt, frei, recht hoch, anfangs weißlich, später schneefarben, an der Schneide manchmal schwach rötlich. Der Stiel ist zylindrisch, bis 30 mm breit, weiß, oft schwach rötlich, innen bald wattig gestopft. Das Fleisch ist weiß, unveränderlich, zart, brüchig, schmeckt bei jungen Fruchtkörpern schwach brennend, bei älteren Exemplaren angenehm und riecht unauffällig. Der Pilz wächst von Juli bis September in feuchten Nadelwäldern von den Niederungen bis in die Vorgebirge und tritt in den Heidekraut-, Moos- und Heidelbeerbeständen der auf Sandböden wachsenden Kieferngehölze in großen Mengen auf. Er wächst verhältnismäßig häufig auch im Torfmoos. Dieser ausgezeichnete Speisepilz ist in der Küche allseitig verwendbar. Leider ähnelt er den ungefähr zwanzig übrigen roten Täublingsarten. Vom Speitäubling ist er leicht an der Färbung der Lamellen, dem Sporenstaub und dem Geschmack zu unterscheiden. Der Speitäubling schmeckt immer stark brennend und ist meistens kleiner. Der Sporenstaub des Apfeltäublings ist hellocker, was sich auch an der Färbung der Lamellen zeigt, während die Sporen des Speitäublings reinweiß sind. (Sollten Sie Bedenken haben, lassen Sie die Sporen auf einem Stück Papier frei ausfallen.)

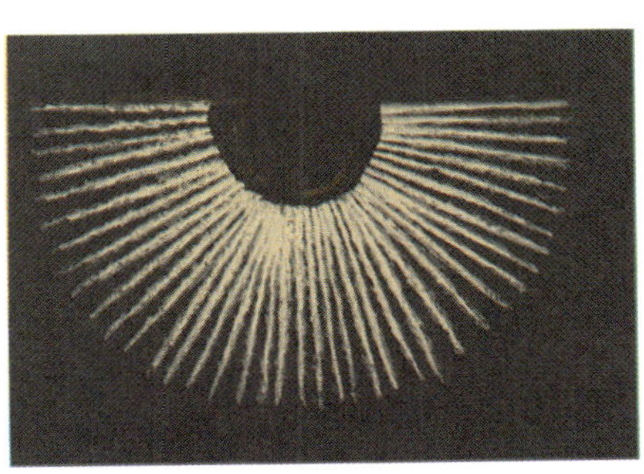

Sporenstaub des Apfeltäublings

☠ Dünnschaliger Kartoffelbovist

Scleroderma verrucosum (Bull. ex Pers.)

Der auf dem Boden wachsende Fruchtkörper ist unregelmäßig kugelförmig, im Durchmesser 20 bis 50 mm breit, nach unten verjüngt. Die Peridie (die Fruchtkörperumhüllung der Bauchpilze) ist sehr dünn, elastisch, gelbocker oder gelbbraun, am Scheitel immer dunkler, oft zu feinen umbrabraunen Feldern aufgeplatzt, die an Warzen erinnern. Ein alter Pilz platzt unregelmäßig. Die Fruchtmasse ist beim Jungpilz fest, weiß, später schwarzblau bis dunkelviolett, schmeckt stark pilzig und riecht würzig; sie trocknet allmählich aus und verwandelt sich in eine krümlige grauschwarze Masse, die zu graubraunem Sporenstaub zerfällt. Der Kartoffelbovist (auch Braunwarziger oder Dünnschaliger Hartbovist) wächst recht häufig von Juli bis September in Laub- und Mischwäldern. Er gilt als gefährlicher Pilz, vor allem für herzkranke Menschen. Der reife Fruchtkörper, mit festem, dunklem Fruchtfleisch, ruft in 1 bis 2 Stunden nach dem Essen eine Vergiftung (hartnäckiges Erbrechen, manchmal Schläfrigkeit, nebliges Sehen, Schwitzen, schmerzhafte Durchfälle, Kopfschmerzen, mühsames Atmen, Hitzegefühle) hervor. Die jungen Fruchtkörper können nur in beschränkter Menge zum Würzen von Speisen verwendet werden.

Schnitt durch den Fruchtkörper des Dünnschaligen Kartoffelbovists

Hartboviste – *Sclerodermataceae*

Erbsenstreuling

Pisolithus arrhizus (Pers.) E. Fisch

Staubpilze – *Lycoperdaceae*

Beutel-Großstäubling

Calvatia excipuliformis (Scop. ex. Pers.) Perd.

Erbsenstreuling
Der unterirdisch wachsende unregelmäßig kugelige Fruchtkörper ist 30 bis 150 mm breit, schwer und hart. Er tritt im Verlaufe der Reife über die Erdoberfläche hervor und zerstäubt allmählich. An der Fruchtkörperunterseite befindet sich entweder ein kleines „Würzelchen“ oder aber eine mächtig entwickelte zylinderförmige, wurzelartig verzweigte sterile Basis. Die Hülle (Peridie) ist dünnwandig, glatt, ockergelb, später dunkelbraun, zerfällt zur Reifezeit schuppig. Die Fruchtmasse setzt sich aus kleinen kugeligen oder vieleckig geformten Körnchen zusammen; diese sind im Jugendstadium gelb und in schwarzes steriles Gewebe gebettet, später braun und zerfallen dann zu Sporenstaub. Der Erbsenstreuling schmeckt angenehm und riecht stark nach Pilzen. Er wächst von Juli bis September in hellen, vor allem Kiefernwäldern und ist stellenweise häufig. Die jungen Fruchtkörper sind in kleinen Mengen eßbar und werden in der Küche als Speisewürze verwendet.

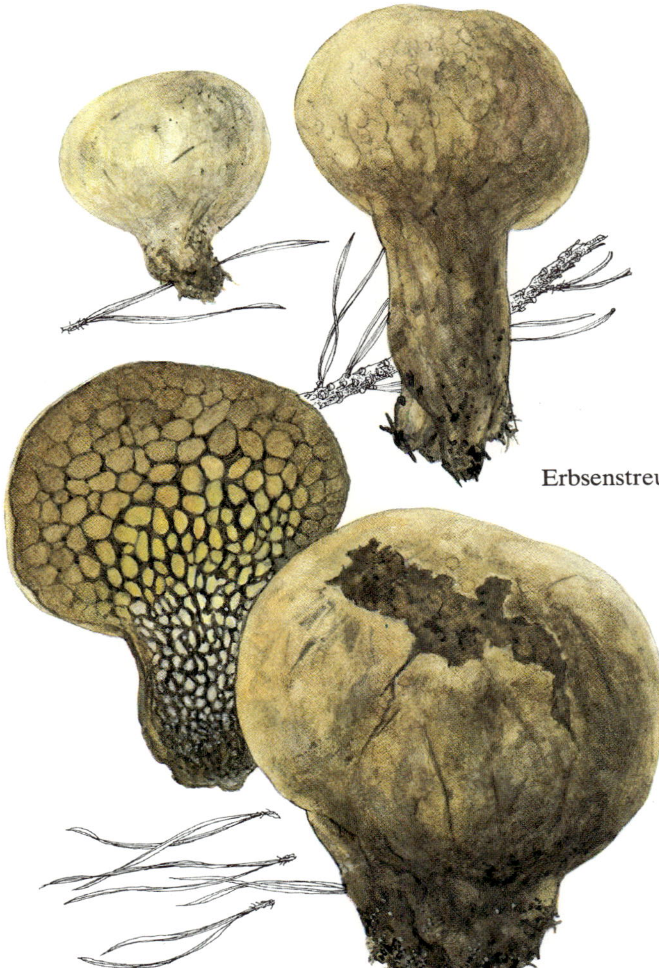

Erbsenstreuling

Beutel-Großstäubling
Der schlegelförmige Fruchtkörper ist 50 bis 150 mm hoch, 30 bis 80 mm breit, jung weiß, später ocker bis hellbraun. Der stielartige, sterile Teil ist gewöhnlich mächtig ausgebildet, zylindrisch, unten verjüngt oder aber keulenförmig erweitert. Der Fruchtteil ist kugelförmig. Die Hülle ist feinkörnig und stachelig, oft felderig aufgeplatzt, weißlich, sie zerfällt in Stücke. Die Fruchtmasse ist anfangs weiß, weich, schmeckt mild und riecht pilzig; sie verfärbt sich im Verlauf der Reife olivbraun und weicht wässerig auf, trocknet schließlich aus, verfärbt sich braun und zerfällt in Stücke. Der Pilz wächst häufig im Sommer und im Herbst auf Waldwiesen und in Laub- und Nadelwäldern. Die jungen, im Schnitt noch weißen Fruchtkörper haben einen ausgezeichneten Geschmack.

Schnitt durch den Beutel-Großstäubling

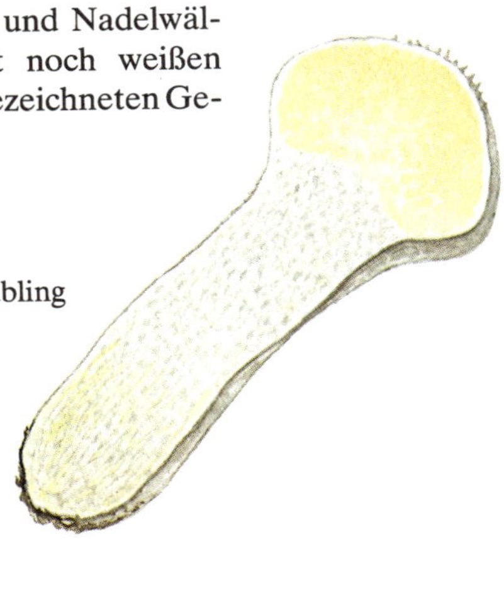

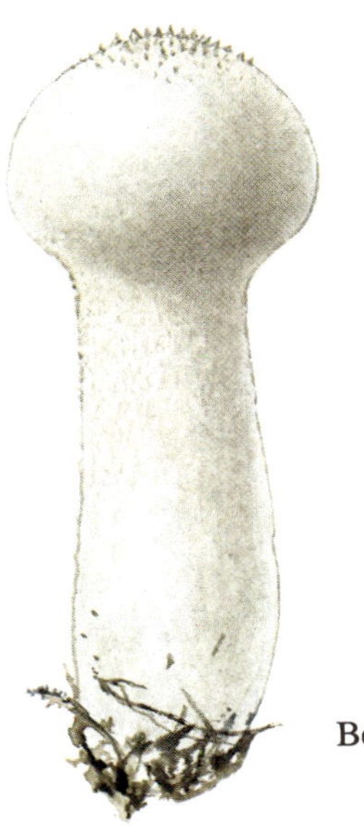

Beutel-Großstäubling

☠ Dickschaliger Hartbovist, Kartoffelbovist

Hartboviste – *Sclerodermataceae*

Scleroderma citrinum Pers.

Der oberirdische, unregelmäßig kugelförmige Fruchtkörper mißt auf der Längsseite 30 bis 100 mm und hat in der Regel einen nierenförmigen Querschnitt. Er ist stroh- bis ockergelb, auffallend hart und schwer. Die Peridie (Hülle) ist kräftig, lederig zäh und zu felderigen Warzen aufgeplatzt. Die Fruchtmasse oder Gleba (der sporenbildende Teil des Fruchtkörpers) ist beim Jungpilz weiß, fest, später rosa, violettrosa oder blauviolett, schmeckt hervorragend pilzig und riecht würzig, ist schließlich schwarz und verwandelt sich zu Brei, der nach dem Austrocknen zu graugrünem Sporenstaub zerfällt. Der Pilz wächst von Juli bis November in allen Waldarten. Er wird als eßbar angesehen, aber nur in kleinen Mengen (vor allem die jungen Fruchtkörper) zum Beispiel zum Würzen von Pasteten, Brühen u. ä. verwendet, kann aber in größeren Mengen gesundheitsschädigend sein.

Schnitt durch den Fruchtkörper des Dickschaligen Hartbovists

Staubpilze – *Lycoperdaceae*

Flaschenstäubling

Lycoperdon perlatum Pers. ex Pers.

Staubpilze – *Lycoperdaceae*

Bleigrauer Zwergbovist

Bovista plumbea Pers. ex Pers.

Trüffelartige – *Tuberaceae*

Sommertrüffel

Tuber aestivum Vitt.

Flaschenstäubling
Die Fruchtkörper sind meistens birnenförmig, 40 bis 80 mm hoch. Der fruchttragende Teil ist kugelförmig, an der Spitze mit einem Buckel versehen. Jung ist der gesamte Fruchtkörper weiß und mit kleinen kegelförmigen Warzen bedeckt. Der erwachsene Fruchtkörper verfärbt sich ockergelb und später bräunlich. Der Bauch ist im Jugendstadium weiß, elastisch, verfärbt sich im Verlauf der Sporenreife gelb und erweicht. Nach der Sporenreife verwandelt sich das Innere des Bauches, die Fruchtmasse, zu olivbraunem Staub. Am Scheitel des Fruchtkörpers bildet sich eine Öffnung. Der Pilz wächst recht häufig von Juni bis Oktober in Wäldern, auf Weiden und Hainen. Er ist einer der schmackhaftesten Pilze. Gesammelt werden nur junge, innen reinweiße Fruchtkörper.

Bleigrauer Zwergbovist
Der Fruchtkörper ist 10 bis 30 mm breit, kugelförmig, oberirdisch, sitzend. Die äußere Hülle ist weiß und schält sich bald stückweise ab. Die innere Hülle ist papierartig, grau oder blaugrau und öffnet sich am Scheitel mit einem kleinen Loch, durch das sich die Sporen verbreiten, Der Pilz wächst im Sommer und im Herbst auf trockenen Rasenflächen an Wegen, auf Weiden und Waldwegen. Er ist eßbar.

Sommertrüffel
Der Fruchtkörper ist 20 bis 70 mm breit, unterirdisch, knollig, bläulich schwarz oder schwarzbraun, fest, an der Oberfläche dicht zu großen kegelförmigen Warzen aufgeplatzt. Das Fleisch ist anfangs weißlich oder gelblich, später bräunlich mit weißen Adern. Der Pilz wächst von Juli bis September auf kalkiger Unterlage unter Eichen, Buchen oder Hainbuchen. Dieser eßbare Pilz wird als Gewürz verwendet.

Flaschenstäubling

Bleigrauer Zwergbovist

Sommertrüffel

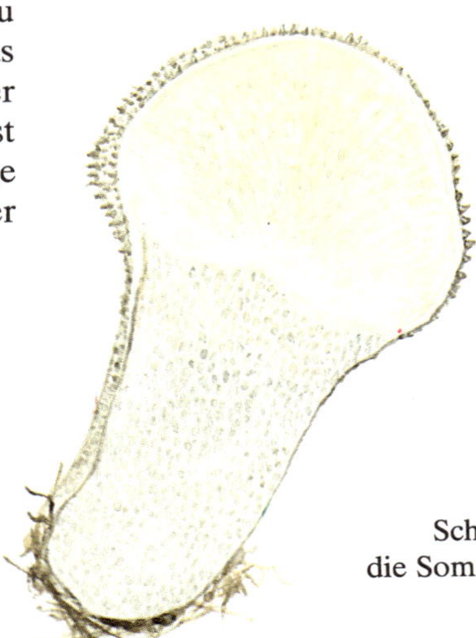

Schnitt durch den Flaschenstäubling

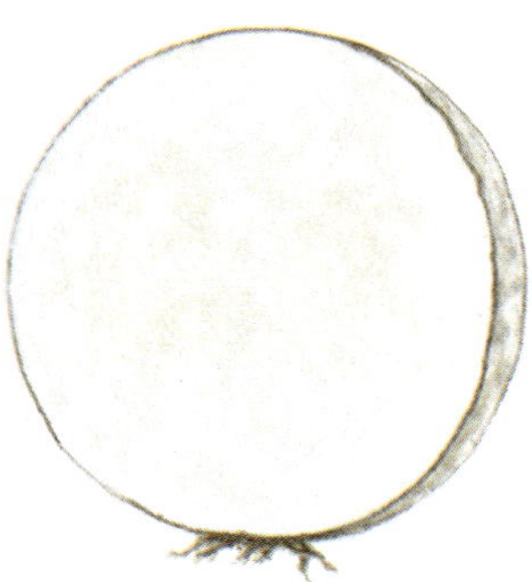

Schnitt durch den Bleigrauen Zwergbovist

Schnitt durch die Sommertrüffel

☠ Rosa Helmling, Rosa Rettichhelmling

Mycena rosea (Bull.) Sacc. et Dalla Costa

Der Hut ist 30 bis 60 mm breit, jung kegelförmig, bald weit ausgebreitet, abgerundet höckerig bis flach mit Buckel, in der Mitte spröde, dünnfleischig, wässerig durchscheinend, hellrosa, immer ohne violette Schattierungen; die Huthaut ist bei Feuchtigkeit dunkler, bei Trokkenheit glatt, glänzend und kahl. Die Lamellen sind hoch, entfernt stehend, am Stiel ausgeschnitten, mit einem Zähnchen herablaufend, an der Schneide gezähnt, weißlich oder schwach rosafarben. Der Stiel ist zylindrisch, faserig, hohl, spröde, an der Basis gewöhnlich mäßig gebogen, nach unten hin allmählich verdickt, weißlich oder hellrosa, an der Basis gelblich. Das Fleisch ist brüchig, weißlich bis schwach rosa, unveränderlich, schmeckt und riecht markant nach Rettich. Der Pilz wächst verstreut von Juli bis Oktober, ausschließlich unter Laubbäumen. Beim Sammeln von Nelkenschwindlingen oder Lacktrichterlingen kann es zu Verwechslungen kommen. Die Vergiftung vom Muskarintyp äußert sich mit Speicheln, Erbrechen, Durchfällen, Schüttelfrost und Herzbeschwerden.

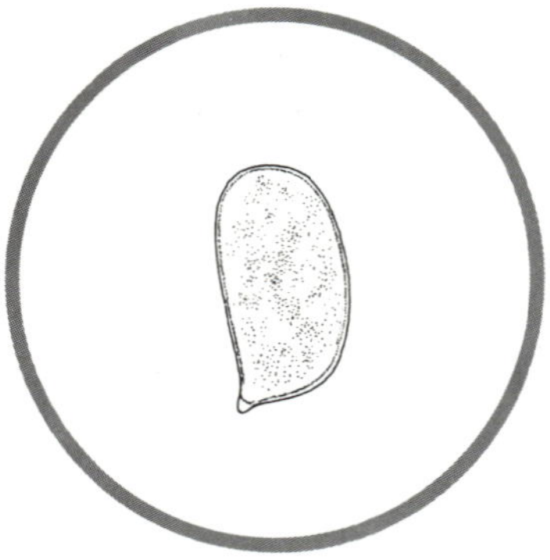

Sporen des Rosa Helmlings

Ritterpilze – *Tricholomataceae*

Rötlicher Lacktrichterling

Laccaria laccata (Scop. ex Fr.) Cooke

Ritterpilze – *Tricholomataceae*

Nelkenschwindling, Feldschwindling

Marasmius oreades (Bolt. ex Fr.) Fr.

Rötlicher Lacktrichterling
Der Hut ist 20 bis 50 mm breit, jung glockenförmig, später bis flach, mäßig gewölbt, in der Mitte eingedrückt, fleischrot oder rotbraun, verblassend, mit fein gerieftem Rand, auf der Oberfläche glatt, ausgewachsen fein flockig, dünnfleischig und durchscheinend. Die Lamellen stehen entfernt, sind hoch, am Stiel angewachsen oder mäßig herablaufend, oft wellig, blaß fleischrot, im Alter von den Sporen wie lackiert weiß bestäubt. Der Stiel ist zylindrisch, zäh, faserig, im Alter wattig gestopft, fleischrot gefärbt, an der Basis mit deutlich sichtbarem weißem Myzel. Das Fleisch ist hell fleischrot, wässerig, unveränderlich, schmeckt und riecht mild pilzig, eher nicht markant. Der Pilz wächst häufig von Juni bis Oktober in allen Waldarten. Er ist ein guter Speisepilz, gesammelt werden nur die Hüte. Vom Rosa Helmling unterscheidet er sich durch die rotbraune Färbung des Fruchtkörpers, den Geschmack, den Geruch und die Sporen. Die Sporen des Rosa Helmlings sind glatt, die des Lacktrichterlings markant stachelig.

Nelkenschwindling
Die eingehende Beschreibung befindet sich auf den Seiten 69 und 125. Der Nelkenschwindling ist ein ausgezeichneter Speisepilz. Gesammelt werden nur die Hüte. Er unterscheidet sich vom Rosa Helmling durch den unzerbrechlichen Stiel und den Bittermandelgeruch.

Rötlicher Lacktrichterling

Nelkenschwindling

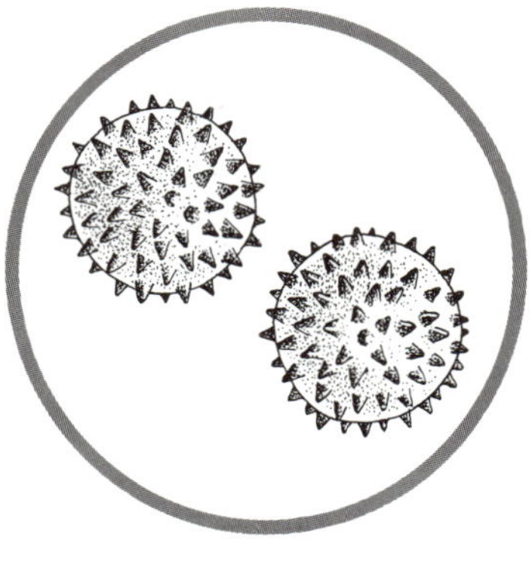

Sporen des Rötlichen Lacktrichterlings

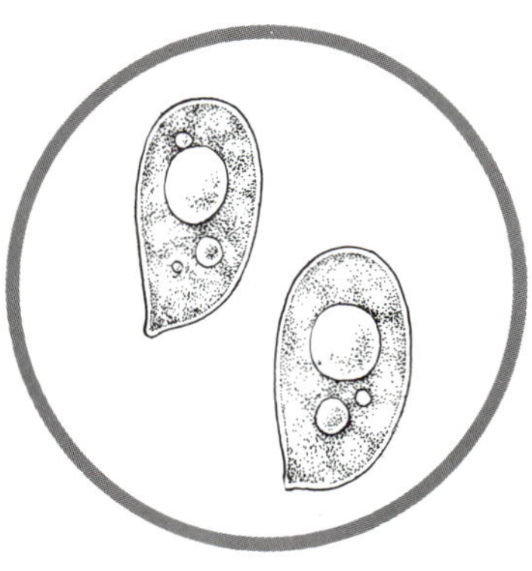

Sporen des Nelkenschwindlings

☠ Rettichhelmling

Mycena pura (Pers. ex Fr.) Kumm.

Der Hut ist 20 bis 40 mm breit, jung kegelförmig, später weit ausladend gewölbt bis flach mit Buckel, in der Mitte rosaviolett oder blauviolett, kahl, wässerig durchscheinend, dünnfleischig, bei Trockenheit glänzend, bei Feuchtigkeit vor allem in der Mitte dunkler, mit durchscheinenden Lamellen, am Rand gerieft. Die Lamellen stehen entfernt, sie sind hoch, am Stiel ausgeschnitten und mit einem Zähnchen herablaufend, an der Schneide gezähnt, bauchig, weißlich oder hellviolett. Der Stiel ist gerade, dünn, faserig, hohl, brüchig, oben fein bestäubt, violett angehaucht. Das Fleisch ist dünn, spröde, brüchig, hellviolett, unveränderlich, schmeckt und riecht stark nach Radieschen. Der Pilz wächst von Juli bis November in allen Waldarten von den Niederungen bis hoch in die Gebirge, sogar über der Waldgrenze. Er gehört zu den verbreitetsten Pilzen der gemäßigten Zone. Er ist schwach giftig und enthält Indolsubstanzen, die Halluzinationen hervorrufen, was sich jedoch erst nach dem Genuß größerer Mengen bemerkbar macht. Er sollte nicht gesammelt werden, da bei empfindlichen Personen ernsthaftere Beschwerden auftreten können.

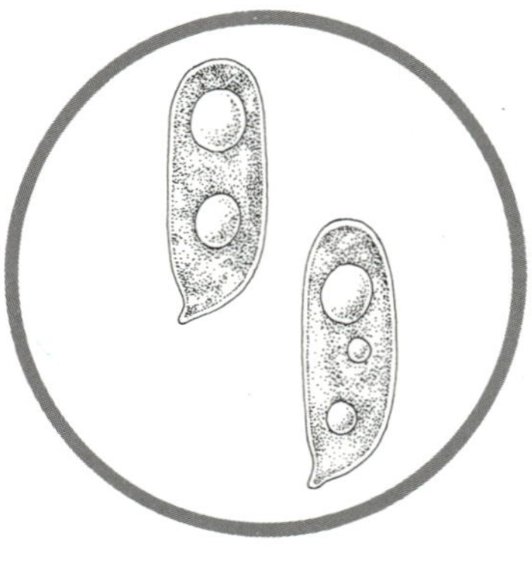

Sporen des Rettichhelmlings

Violetter Lacktrichterling, Lackbläuling

Laccaria amethystina (Bolt. ex Hooker)

Der Hut ist 20 bis 50 mm breit, jung gewölbt, später flach, in der Mitte grubig eingedrückt, auf der Oberfläche anfangs kahl, später samtig bis zart flockig, jung sattviolett, im Alter ockerfarben verblassend, am Rand fein gerillt und mäßig gewellt. Die Lamellen sind 3 bis 7 mm hoch, immer violett, entfernt stehend, oft gekräuselt und von den Sporen weiß bestäubt. Der Stiel ist vollkommen violett, 30 bis 70 mm hoch, 3 bis 5 mm breit, fest, zylindrisch, manchmal krumm und gequetscht, jung voll, später röhrenartig hohl. Das Fruchtfleisch ist anfangs violett angehaucht, verblaßt später zu bleich violetten Tönen und ist im Stiel zäh; es schmeckt und riecht nicht besonders. Der Pilz wächst von Juni bis Oktober in Laub- und Nadelwäldern, oft in umfangreichen Gruppen. Er eignet sich für Suppen, Mischgerichte und überall dort, wo eine vielfältige Farbigkeit erwünscht ist. Er behält seine violette Färbung auch in sauren Aufgüssen. Für Küchenzwecke werden nur die Hüte gesammelt. Vom Rettichhelmling unterscheidet er sich durch Geschmack und Geruch. Er schmeckt und riecht nie so intensiv nach Rettich und hat immer dunkler gefärbte Lamellen. Auch die mikroskopische Unterscheidung ist einfach. Die Sporen des Violetten Lacktrichterlings sind kugelförmig und stachelig, die des Rettichhelmlings elliptisch und glatt.

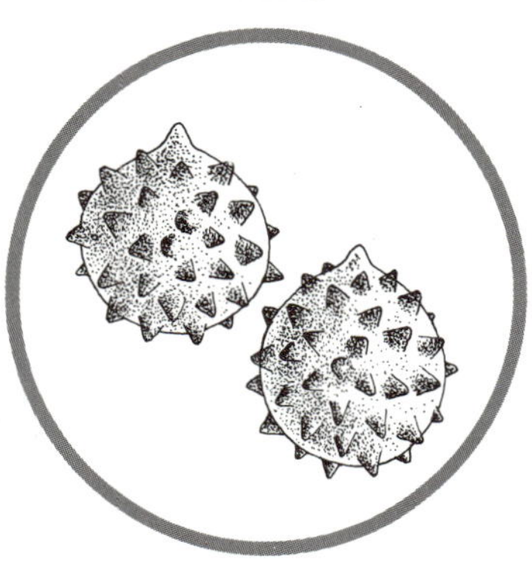

Sporen des Violetten Lacktrichterlings

☠ Gallenröhrling

Tylopilus felleus (Bull. ex Fr.) P. Karst

Der Hut ist 60 bis 120 mm breit, grau oder graubraun, anfangs halbkugelig, später gewölbt bis polsterförmig, im Alter ausladend. Die Hutoberfläche ist beim Jungpilz leicht filzig, ausgereift kahl, matt. Die Röhren sind anfangs weiß, später rosa, 15 bis 20 mm hoch, unten bald vorgewölbt, wie aufgeschäumt, alternd oder an Druckstellen rostig bräunend. Die Röhrenmündungen sind klein, abgerundet kantig. Der Stiel ist schmutzig weißlich oder bräunlich, unten mäßig verdickt, 30 bis 110 mm hoch und 10 bis 25 mm breit, mit stark ausgeprägtem, dunkelbraunem Netz geziert. Das Fleisch ist weiß, lediglich unter der Huthaut schwach bräunlich, unveränderlich, bei jungen Fruchtkörpern fest, im Alter im Hut erweichend, im Stiel faserig. Es schmeckt sehr bitter und riecht unauffällig, eher angenehm pilzartig. Der Gallenröhrling wächst häufig im Sommer und im Herbst in Kiefern-, Fichten- und Mischwäldern. Er ist wegen des widerlich bitteren Geschmacks ungenießbar, verursacht aber keine ernsteren Gesundheitsschäden.

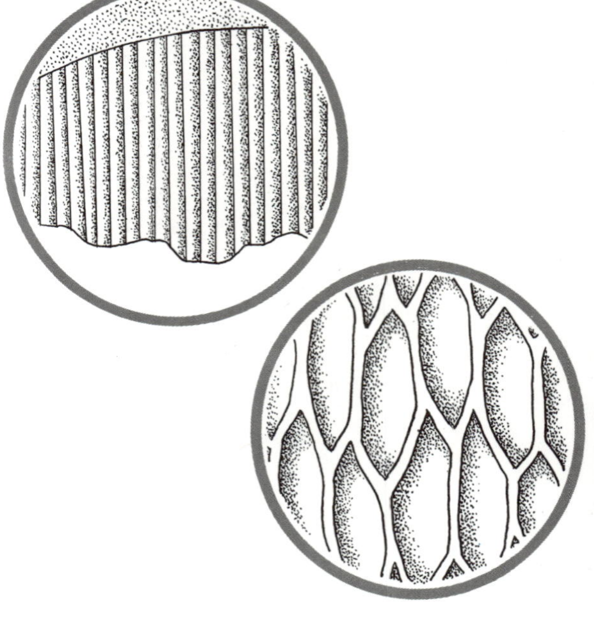

Röhren und Stielnetz beim Gallenröhrling

Steinpilz, Herrenpilz

Boletus edulis Bull. ex Fr.

Der Hut hat einen Durchmesser von 50 bis 200 mm, ist jung halbkugelig, später gewölbt, im Alter weit ausgebreitet, polsterförmig, manchmal auch eingedrückt, fleischig, anfangs weiß oder weißlich, erwachsen dunkelbraun, glatt. Die Röhren sind 8 bis 30 mm lang, anfangs weiß, später hellgelb, ausgewachsen gelbgrün. Der Stiel ist keulenförmig, unten gebläht oder zylindrisch, weiß, braun verfärbend, in der oberen Hälfte mit einem weißen Netz überzogen. Das Fleisch ist weiß oder weißlich, unveränderlich, unter der Huthaut zart creme getönt, schmeckt leicht süßlich, angenehm pilzartig und riecht ebenso. Der Steinpilz wächst im Sommer und im Herbst vor allem in den Fichtenwäldern der Gebirge und Vorgebirge; seltener wächst er auch unter Eichen und Buchen in den Niederungen. Die Zahl der angesetzten Fruchtkörper wird von der Intensität des Sammelns beeinflußt. Durch die völlige Beseitigung der jungen Fruchtkörper bringen wir uns um die Erträge der folgenden Jahre. Dieser ausgezeichnete Speisepilz ist vom Gallenröhrling sicher durch den angenehmen Geschmack, das markante weiße Netz am Stiel und die gelbrünen Röhren zu unterscheiden.

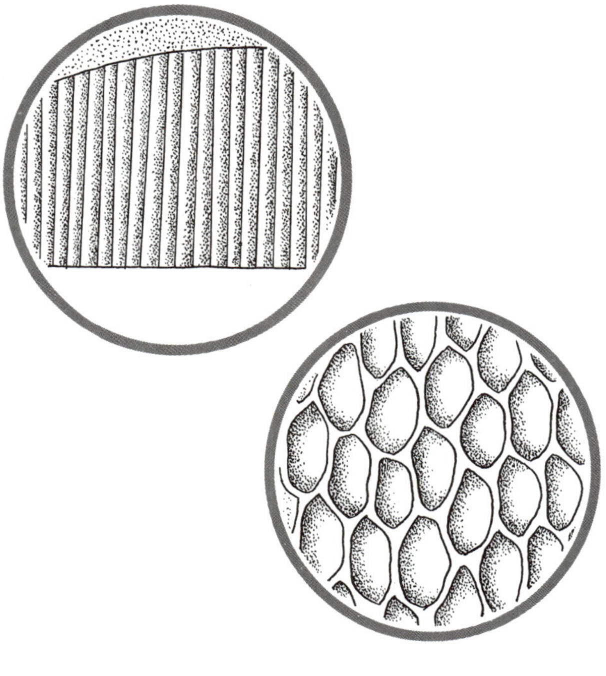

Röhren und Stielnetz beim Steinpilz

☠ Grüngelber oder Bitterer Ritterling

Tricholoma sejunctum (Sow. ex Fr.) Quél.

Der Hut ist 50 bis 100 mm breit, anfangs glockenartig gewölbt mit eingerolltem Rand, später flach ausgebreitet, mäßig höckerig, mit scharfem, geradem oder durchgebogenem Rand. Die Huthaut ist mäßig klebrig, trocken, glänzend, gelbgrün bis gelbbraun, in der Mitte gebräunt, fein dunkelbraun geschuppt oder eingewachsen strahlig gestreift, bei Feuchtigkeit klebrig und im Alter leicht abschälbar. Die Lamellen sind durch ein Zähnchen mit dem Stiel verbunden, mittelmäßig dicht, weiß, später mit zartem gelblichem Ton, ausgewachsen leicht bräunlich, gewellt und an der Schneide zerrissen. Der Stiel ist zylindrisch, unten oft verjüngt und gebogen, 40 bis 90 mm lang und 10 bis 30 mm breit, voll, weiß oder weißlich mit zartem gelblichem Ton, im Alter ein wenig bräunlich, glatt, kahl oder zartfaserig und mäßig glänzend. Das Fleisch ist weiß und unter der Huthaut schwach gelblich, unveränderlich, schmeckt gurkenartig mehlig, schwach bitter bis herb und riecht mehlig. Der Pilz wächst von August bis Oktober überwiegend in Laub-, seltener auch in Nadelwäldern und kommt in einigen Gebieten überhaupt nicht vor. Er gehört zu den giftigen Pilzen, die unter Beeinträchtigung des Verdauungssystems leichte bis mittelschwere Vergiftungen hervorrufen können (vor allem Fruchtkörper, die in Kiefernwäldern gesammelt wurden).

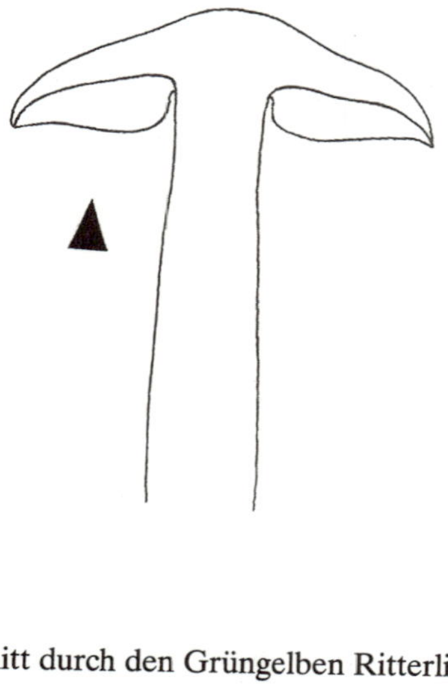

Schnitt durch den Grüngelben Ritterling

Ritterpilze – *Tricholomataceae*

Grünling, Olivgrüner Ritterling

Tricholoma flavovirens (Pers. ex Fr.) Lund.

Ritterpilze – *Tricholomataceae*

Rußkopf, Schneepilz, Grauer Ritterling

Tricholoma portentosum (Fr.) Quél.

Grünling
Die ausführliche Beschreibung ist auf Seite 109. Der Grünling wächst von September bis Anfang November, überwiegend in Kiefernwäldern mit sandiger Unterlage. Er ist ein ausgezeichneter, vielseitig verwendbarer Speisepilz. Er unterscheidet sich vom Grüngelben Ritterling durch die schwefelgelben Lamellen und den delikaten süßlichen nußartigen Geschmack.

Rußkopf
Die ausführliche Beschreibung befindet sich auf Seite 105. Der Rußkopf wächst von September bis November in sandigen Kieferngehölzen. Er ist ein sehr beliebter Herbstpilz, der sich vom Grüngelben Ritterling vor allem durch den delikaten, nußsüßen Geschmack, den Standort und das Fehlen der gelbgrünen Farbtöne der Huthaut unterscheidet.

Grünling

Rußkopf

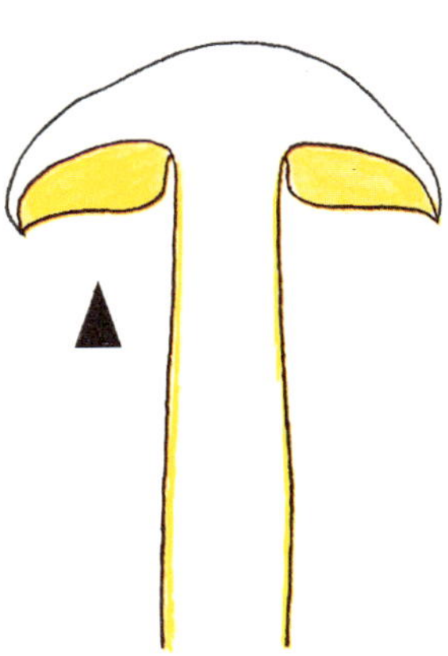

Schnitt durch den Grünling

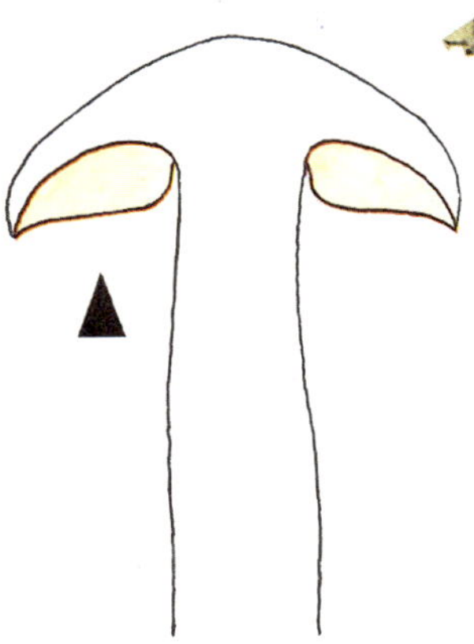

Schnitt durch den Rußkopf

Ritterpilze – *Tricholomataceae*

☠ Tigerritterling

Tricholoma pardinum Quél.

Der Hut hat einen Durchmesser von 50 bis 120 mm, ist beim Jungpilz gewölbt, unregelmäßig, am Rand eingerollt, in der Mitte gebuckelt, im Alter glockenförmig ausgebreitet, mit dünnem Rand, bis flach, dunkel schmutzig graubraun bis grauschwarz oder aschbraun, mit feinen faserigen, meist breiten, aber nicht sehr hervortretenden Schuppen bedeckt; in der Mitte sind die Schuppen dichter, der Hut ist hier deshalb dunkler. Der Hutrand ist blaß, mit feinen faserigen Schuppen versehen oder fast filzig. Die Lamellen sind weiß oder weißlich, später blaß gelblich, aber niemals gräulich, breit, mittelmäßig dicht stehend, am Stiel ausgeschnitten. Der Stiel ist robust, voll, im Basisbereich ein wenig verdickt, oben weiß, im unteren Drittel mäßig ockerfarben, im Alter manchmal völlig schmutzig ocker, fein verwachsen faserig. Das Fleisch ist weiß, zäh, ändert an der Schnittfläche die Farbe nicht, riecht und schmeckt angenehm mehlig. Der Pilz wächst im Sommer und im Frühherbst in Nadel- und Laubwäldern, vor allem auf kalkiger Unterlage. Die Fruchtkörper treten einzeln und nur ausnahmsweise in größeren Gruppen auf. Dieser Pilz ist stark giftig. Er verursacht schon 1 bis 2 Stunden nach dem Verzehr eine sehr schmerzhafte Vergiftung.

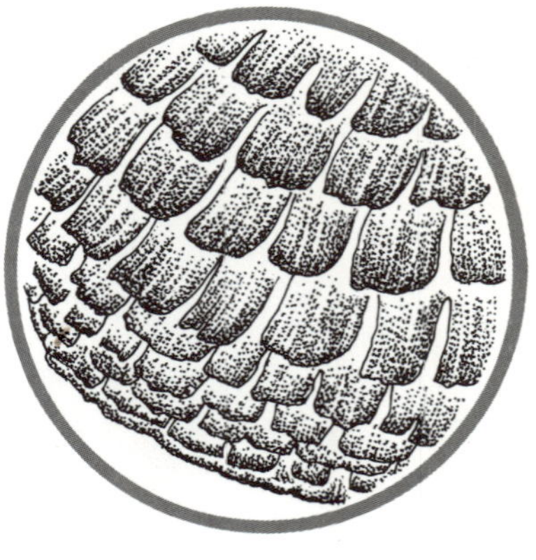

Hutoberfläche des Tigerritterlings

Graublättriger Erdritterling

Tricholoma terreum (Schaeff. ex Fr.) Kumm.

Der Hut ist 40 bis 80 mm breit, in der Jugend kegelförmig glockig, bald flach ausgebreitet mit einem kleinen Buckel und gewelltem Rand, dunkelgrau oder aschgrau bis graubraun, anfangs filzig, später feinfaserig geschuppt. Die Lamellen stehen mittelmäßig dicht, sie sind verhältnismäßig hoch, mit einem Zähnchen herablaufend, weiß, ausgewachsen gräulich, an der Schneide mäßig gezähnt bis wellig. Der Stiel ist zylindrisch, voll, im Alter wattig gestopft, weiß, später gräulich, verwachsen faserig, unter dem Hut weiß körnig, zerbrechlich und weich. Das Fleisch ist im Hut gräulich, im Stiel weiß, weich und spröde, schmeckt angenehm und riecht schwach mehlig. Der Erdritterling (auch Mausgrauer Ritterling genannt) wächst haufenweise von September bis November in Nadel- und Mischwäldern, vor allem auf Lichtungen und an Waldrändern, aber auch in dichten Fichten- und Kieferngehölzen. Er kommt am meisten in Wäldern vor, die auf ärmeren, sandigen Böden wachsen. Dieser Pilz ist eßbar, jedoch von geringerer Qualität. Er ist aber durch sein massenhaftes Auftreten leicht zu finden. Vom Tigerritterling unterscheidet er sich durch die Hutoberfläche und die kleineren, zerbrechlicheren Fruchtkörper. Der Tigerritterling weist auf der Hutoberfläche größere Schuppen auf und hat immer einen robusten dicken Stiel; er ist darüber hinaus sehr selten und tritt nicht massenhaft auf.

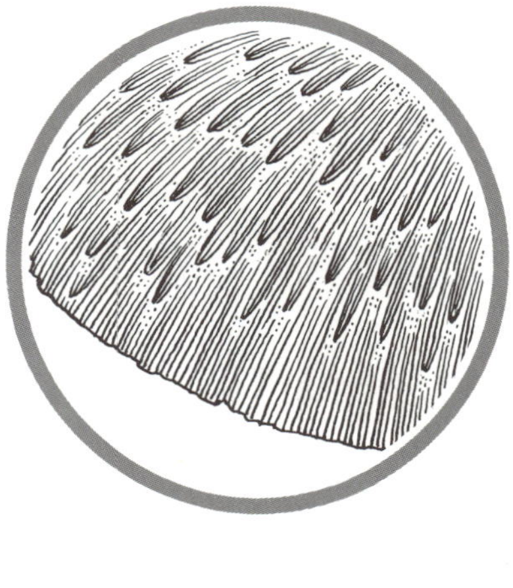

Hutoberfläche des Graublättrigen Erdritterlings

☠ Kahler oder Empfindlicher Krempling

Paxillus involutus (Batsch ex Fr.) Fr.

Der Hut ist 40 bis 210 mm breit, in der Jugend gewölbt, später flach ausgebreitet, auffallend eingerollt, ockerbraun, rostbraun oder olivbraun, an Druckstellen braun verfärbend, auf der Oberfläche glatt, anfangs filzig, später kahl, matt, bei Regen sehr schlüpfrig. Die Lamellen sind 4 bis 6 mm hoch, dünn, dichtstehend, am Stiel herablaufend, jung ockerfarben, im Alter rostbraun, an Druckstellen dunkel verfärbend. Der Stiel ist zylindrisch, voll, 30 bis 50 mm hoch, 10 bis 20 mm breit, glatt, kahl, braunokker. Das Fleisch ist beim Jungpilz hellocker, später bräunlich, weich, saftig, schmeckt säuerlich und riecht angenehm nach Pilzen. Der Kahle Krempling wächst von Juni bis November in allen Waldarten. Die Fruchtkörper wachsen vor allem unter Birken in Alleen, Parks, Gärten und Hainen, sie können sogar in Städten, zum Beispiel auf einem Beet zwischen Birken, in großer Zahl auftauchen. Obwohl in diesem Pilz bisher noch keine giftigen Substanzen festgestellt wurden, wird er, auf Grund neuester Untersuchungen, als gefährlich angesehen; er kann nach wiederholtem Genuß dem menschlichen Organismus ernste Schäden zufügen.

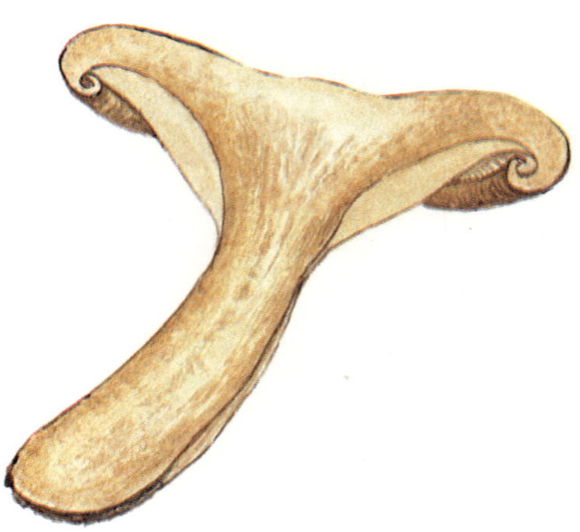

Schnitt durch den Fruchtkörper des Kahlen Kremplings

Großer Schmierling, Kuhmaul

Gomphidius glutinosus (Schaeff. ex Fr.) Fr.

Der Hut hat einen Durchmesser von 50 bis 110 mm, ist beim Jungpilz gewölbt, später flach eingedrückt bis vertieft, graubraun, fleisch- oder schokoladebraun, im Alter mit schwarzbraunen Flecken, glatt, mit einer dicken Schleimschicht bedeckt, die sich zusammen mit der Huthaut leicht abziehen läßt. Die Lamellen sind jung weißlich, schütter, im Alter schwarz verfärbend, dick, niedrig, herablaufend. Sie sind beim Jungpilz mit einem durchsichtigen, schleimigen Schleier bedeckt, der im Alter einen erhöhten schleimigen Wulst bildet. Der Stiel ist zylindrisch, voll, schlüpfrig, oben weißlich und unten zitronengelb. Das Fleisch ist weich, weiß, später hell angegraut, in der Stielbasis zitronengelb, schmeckt und riecht nicht markant schwach säuerlich. Der Pilz wächst von Juli bis Oktober in Nadelwäldern vom Hügelland bis hoch in die Berge. Er kommt häufig vor und tritt in Fichtengehölzen massenhaft auf. Dieser Pilz ist eßbar und schmackhaft. Vom Kahlen Krempling unterscheidet er sich durch eine ganze Reihe von Merkmalen. Trotzdem kommt es manchmal zu Verwechslungen. Wenn Pilzfreunde bei regnerischem Wetter junge Schmierlinge suchen, um sie in Essig einzulegen, können sie versehentlich auch junge Kahle Kremplinge sammeln, die auf der Oberfläche ebenfalls schlüpfrig und klebrig sind. Der Schmierling weist jedoch eine dicke Schleimschicht auf, und im Querschnitt des Fruchtkörpers erkennt man in der Stielbasis das markant zitronengelb gefärbte Fleisch.

Schnitt durch den Fruchtkörper des Großen Schmierlings

☠ Riesenrötling

Entoloma lividum (Bull. ex St. Am.) Quél.

Der Hut hat einen Durchmesser von 50 bis 150 mm, ist jung halbkugelförmig, später mit eingerolltem Rand gewölbt, im Alter flach ausgebreitet mit angerundetem Buckel in der Mitte, manchmal auch wellig, weißlich, gelblich, angegraut bis ockerfarben, seidig glänzend, glatt, trocken, fleischig, netzartig faserig. Die Lamellen sind in der Jugend weißgelb und stehen so dicht, daß sie bei sehr jungen Fruchtkörpern nicht gut unterschieden werden können. Pilzsucher sehen sie manchmal als Röhren an und verwechseln so den Riesenrötling mit Röhrenpilzen. Bei erwachsenen Exemplaren stehen die Lamellen fast locker, sie verfärben sich im Laufe der Sporenreife rosa, bis sie schließlich fleischrötlich sind. Der Stiel ist mächtig, zylindrisch, in der Jugend unten keulenförmig verdickt, weiß, später gelblich, anfangs voll, dann wattig gestopft oder hohl, faserig und oben flockig. Das Fleisch ist fest, weiß, unveränderlich, schmeckt angenehm mehlig und duftet nach frischen Gurken. Der Riesenrötling wächst von Mai bis September in Laubwäldern, meistens auf kalkiger Unterlage unter Buchen. Er bevorzugt wärmere Lagen. Sein Aussehen reizt zum Sammeln, er gehört aber zu den giftigen Pilzen und verursacht schwerwiegende Magenbeschwerden oder sogar den Tod. Er läßt sich leicht mit dem Maipilz, mit der Nebelkappe, dem Schildrötling, dem Rußkopf oder im frühen Jugendstadium sogar mit dem Eichensteinpilz verwechseln.

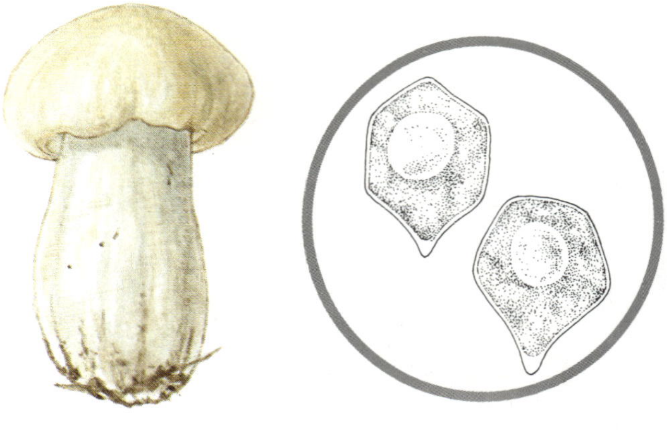

Junger Riesenrötling und seine Sporen

Ritterpilze – *Tricholomataceae*

Nebelkappe, Graukappe, Herbstblattl

Lepista nebularis (Fr.) Harmaja

Ritterpilze – *Tricholomataceae*

Rußkopf, Schneepilz, Grauer Ritterling

Tricholoma portentosum (Fr.) Quél.

Nebelkappe
Der Hut erreicht Größen von 50 bis 150 mm, ist in der Jugend fast halbkugelig, später mit eingerolltem Rand gewölbt, im Alter gedrückt mit scharfem Rand, aschgrau bis grauweiß bereift. Die Lamellen sind gedrängt, mäßig am Stiel herablaufend, weiß, später gelblich. Der Stiel ist zylindrisch, faserig, weiß, grau verfärbend. Das Fleisch ist weiß, unveränderlich, duftet süßlich und schmeckt süßlich pilzartig (im Alter leicht säuerlich). Der Pilz wächst häufig von August bis November in allen Waldarten. Er ist eßbar. Wegen des starken Aromas sollten aber nur jüngere Fruchtkörper gesammelt werden. Er unterscheidet sich vom Riesenrötling durch die weißen herablaufenden Lamellen, vom Steinpilz durch Lamellen und eckige Sporen.

Rußkopf
Der Hut hat einen Durchmesser von 50 bis 100 mm; anfangs ist er mit eingerolltem Rand glockenförmig, später gewölbt, unregelmäßig durchgebogen, grau bis grauschwarz, meliert, glatt und glänzend. Die Lamellen stehen locker, laufen mit einem Zähnchen am Stiel herab, sind weiß, zitronenfarben schattiert. Das Fleisch ist weiß, unveränderlich, schmeckt süßlich nußartig und riecht mehlig gurkenartig. Der Pilz wächst von September bis November in sandigen Kieferngehölzen. Er ist ein ausgezeichneter Speisepilz, der im Alter niemals rosa getönte Lamellen aufweist.

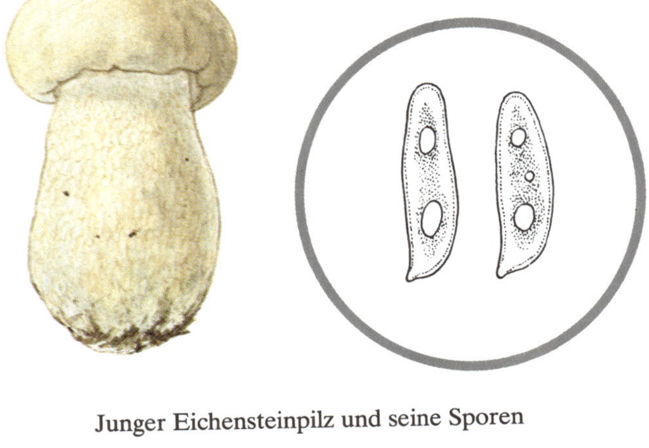

Junger Eichensteinpilz und seine Sporen

☠ Grubiger Milchling

Lactarius scrobiculatus (Scop. ex Fr.) Fr.

Der Hut hat einen Durchmesser von 50 bis 150 mm, ist strohgelb oder gelbocker, zäh, fleischig, von Jugend an in der Mitte vertieft, schlüpfrig, mit grübchenförmigen Flecken, am Rande eingerollt, anliegend filzig bis abstehend haarig mit kahler Mitte. Die Lamellen sind 8 bis 12 mm breit, am Stiel angewachsen, gelblich, blaß, oft mit gelber Schneide, recht dünn und engstehend. Der Stiel ist kurz, zylindrisch, 40 bis 60 mm lang, 20 bis 30 mm breit, bleich, blaßgelb, in der Jugend voll, später hohl, mit ocker rostfarbenen und eingedrückten Flecken (Narben) übersät. Das Fleisch ist weiß, recht zäh und färbt sich durch die Milch gelb. Die Milch ist weiß, verfärbt sich an der Luft schwefelgelb, ist scharf brennend und quillt an Schadstellen reichlich hervor. Der Pilz wächst im Sommer und im Herbst in dichten Nadelwäldern der Vorgebirge, ist stellenweise zahlreich, anderenorts sehr selten; er kommt auf sauren Unterlagen häufiger vor. Dieser scharf brennende Pilz sollte nicht gegessen werden. Manche Fachleute bezeichnen ihn auch als schwach giftige Art, denn die äußerst scharfe Milch reizt den Verdauungsapparat und kann Erbrechen und Durchfälle hervorrufen. Die Beschwerden treten 1 bis 3 Stunden nach dem Verzehr auf.

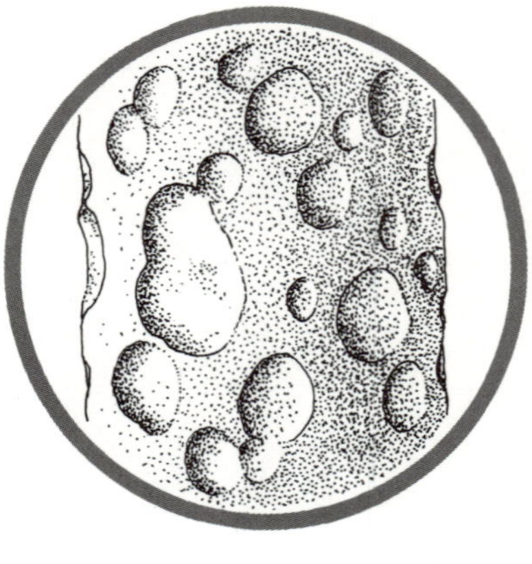

Stiel des Grubigen Milchlings

Echter Reizker, Kiefernreizker, Edelmilchling

Lactarius deliciosus (L. ex. Fr.) S. F. Gray

Der Hut ist 30 bis 150 mm breit, in der Jugend mit eingerolltem Rand gewölbt, später flach, in der Mitte eingedrückt, erwachsen bis trichterförmig mit scharfkantigem und durchgebogenem Rand, fleisch- oder orangerot mit markanten dunkleren, zentrischen Ringen, in der Jugend auf der Oberfläche feinfilzig, später kahl, bei Regen schlüpfrig. Die Lamellen sind 4 bis 9 mm hoch, hellfleischfarben bis rotgelb, an Schadstellen grün verfärbend, dichtstehend, spröde, am Stiel herablaufend. Der Stiel ist zylindrisch, glatt, 30 bis 60 mm hoch, 15 bis 20 mm breit, rotorange, im Alter manchmal orange gefleckt, hohl und brüchig. Das Fleisch ist weißlich, aus Schnittstellen quillt möhrenrote Milch hervor, die sich unter Sauerstoffeinwirkung grün verfärbt. Der Geschmack ist scharf, zusammenziehend und sehr unangenehm, der Geruch intensiv und angenehm. Der Pilz wächst von August bis November unter Kiefern. Er breitet sich in den letzten Jahren stärker aus und überwiegt in manchen Gebieten den Fichtenreizker. Sein spezifischer Geschmack kommt am besten im Essigaufguß oder durch Räuchern zur Geltung. Vom Grubigen Milchling ist er leicht durch den narbenlosen Stiel und die möhrenrot gefärbte, hervorquellende Milch zu unterscheiden.

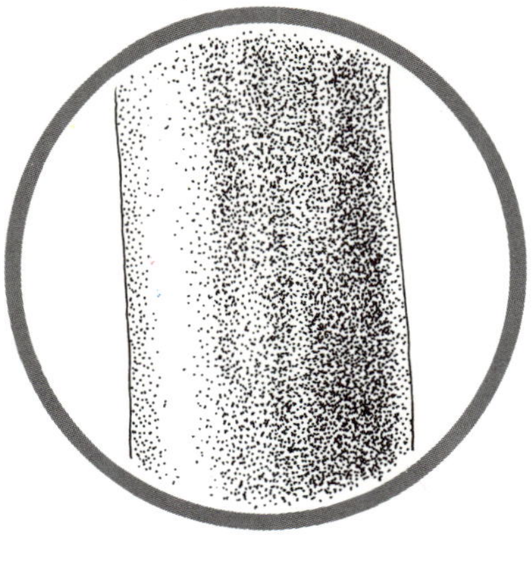

Stiel des Echten Reizkers

☠ Orangefuchsiger Hautkopf, Gifthautkopf

Cortinarius orellanus (Fr.) Fr.

Der Hut hat einen Durchmesser von 35 bis 100 mm, ist anfangs halbkugelartig mit eingerolltem Rand, später glockig bis gewölbt ausgebreitet und mit niedrigem Buckel unregelmäßig wellig, am Rand manchmal durchgebogen. Die Huthaut ist nicht hygrophan (sie verändert mit unterschiedlicher Feuchtigkeit ihre Färbung nicht), sie ist samtig, filzig, feinschuppig, im Alter kahl werdend, orange- bis rötlich braun. Die Lamellen sind ausgeschnitten, laufen mit einem kleinen Zähnchen am Stiel herab, sind entferntstehend, dick, hoch bis bauchig, anfangs safrangelb, später orangebraun, im Alter bis zimtbraun. Sie sind beim Jungpilz mit spinnwebenartigen Fasern bedeckt. Der Stiel ist zylindrisch, unten leicht zugespitzt, gerade, manchmal gebogen, voll, längsfaserig, gelblich, durch Druck oder Alterung mäßig braun verfärbend. Das Fleisch ist im Hut dünn und nur am Scheitel fleischiger, fest, gelbbraun, schwach nach Rettich schmeckend und riechend; im Stiel ist es recht fest und so wie im Hut gefärbt. Der Pilz wächst von August bis Oktober einzeln oder in kleinen Gruppen vor allem in Laubwäldern, am häufigsten auf sauren Böden unter Eichen. Er ist in einigen Gebieten allgemein verbreitet, in anderen selten oder fehlt völlig. Er gehört zu den gefährlichen, tödlich giftigen Pilzen.

Schnitt durch den Orangefuchsigen Hautkopf

Grünling, Olivgrüner Ritterling

Tricholoma flavovirens (Pers. ex Fr.) Lund.

Der Hut ist 30 bis 90 mm breit, beim jungen Pilz mit eingerolltem Rand gewölbt, später flach ausgebreitet, durchgebogen und scharfrandig, grünbraun, oliv- oder safrangrüngelb, bis gelbgrün, in der Mitte gewöhnlich dunkler, glatt, bei Feuchtigkeit ein wenig schmierig, oft von Substrat verunreinigt. Die Huthaut ist abziehbar und bei in der Sonne wachsenden Pilzen bis goldbraun gefärbt. Die Lamellen stehen dicht, sind mit einem Zähnchen dem Stiel verbunden und lebhaft schwefelgelb. Der Stiel ist zylindrisch, voll, kurz, bis 20 mm breit, glatt, fast kahl oder längsfaserig, gelb, grüngelb oder braungelb, unten meistens mit einer stärkeren Bodenschicht verunreinigt. Das Fleisch ist hart, spröde, weiß, unter der Huthaut schwach gelblich bis zitronengelb, riecht angenehm mehlig und schmeckt süßlich nußartig. Der Pilz wächst überwiegend in Kiefernwäldern mit sandiger Unterlage von September bis Anfang November, tritt oft in ganzen Gruppen oder sogenannten Hexenringen auf. Man findet ihn seltener auch unter Espen oder Eichen. Wegen seines delikaten Geschmacks gehört der Grünling zu den vielseitig verwendbaren Pilzen. Er unterscheidet sich vom Orangefuchsigen Hautkopf vor allem durch die hellere Farbe des Fleisches, den Geruch und Geschmack und auch dadurch, daß beim jungen Pilz die Lamellen nicht mit spinnwebartigen Fasern bedeckt sind.

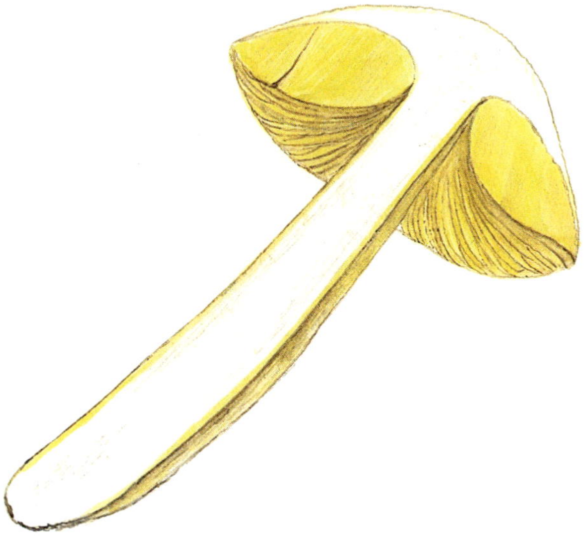

Der Grünling unterscheidet sich vom Orangefuchsigen Hautkopf vor allem durch das hellere Fruchtfleisch und die leuchtend gelben Lamellen

☠ Spitzbuckliger Orangeschleierling

Cortinarius speciosissimus Kühn. et Romagn.

Der Hut hat einen Durchmesser von 25 bis 80 mm, ist anfangs halbkugelig mit mäßig eingerolltem Rand, später kegelförmig glockig bis gewölbt ausgebreitet mit einem dicken Buckel, blaßorange bis orangebraun, flockig geschuppt, am Rand manchmal durchgebogen. Die Huthaut ist nicht hygrophan (ändert bei unterschiedlicher Feuchtigkeit die Farbe nicht). Die Lamellen sind am Stiel tief ausgeschnitten, dick, bis 14 mm hoch, safranzimtfarben, in der Jugend mit spinnwebartigen Fasern bedeckt, die genauso gefärbt sind wie die Hutoberfläche. Der Stiel ist zylindrisch, an der Basis mäßig verbreitert, unten zugespitzt, gerade, voll, längsfaserig, 50 bis 110 mm hoch, 5 bis 15 mm breit, orangebraun mit dunkleren Fasern. Das Fleisch ist im Hut dünn, nur am Scheitel fleischiger, fest, safranfarben bleich, schmeckt und riecht nach Radieschen; es ist im Stiel recht fest und ähnlich wie der Hut gefärbt. Der Pilz wächst von August bis Oktober einzeln oder in kleineren Gruppen in Kiefern- und Fichtengehölzen auf Moor- und Torfböden. Er gehört zu den gefährlichen Giftpilzen und enthält, ähnlich wie der Orangefuchsige Hautkopf, Substanzen, die die Leber und die Nieren schädigen.

Im Querschnitt des Spitzbuckligen Orangeschleierlings sieht man die dunklere Färbung des Fruchtfleisches

Reifpilz, Zigeuner

Rozites caperata (Pers. ex Fr.) P. Karst

Der Hut ist 40 bis 100 mm breit, anfangs halbkugelig oder zylindrisch mit eingerolltem Rand, später gewölbt, im Alter flach ausgebreitet mit scharfem Rand und stumpfem Buckel in der Mitte. In der Jugend ist er weißlich bis violett bereift, allmählich kahl werdend, lehmgelblich, bei Trockenheit runzelig am Rand aufgeplatzt. Der Hutrand ist im Jugendstadium durch einen dicken häutigen Schleier mit dem Stiel verbunden. Die Lamellen sind 7 bis 10 mm hoch, durchschnittlich gedrängtstehend, durch ein Zähnchen mit dem Stiel verbunden, anfangs gelbocker, mit einem häutigen Schleier überdeckt, später lehmocker, im Alter rostbraun, an der Schneide gezähnt und weißlich. Der Stiel ist am Anfang zylindrisch bis keulenförmig, später zylindrisch mit verdickter Basis, voll, 50 bis 120 mm hoch, 10 bis 20 mm breit, weißlich, später nach Ocker gefärbt, seidig glänzend, feinfaserig, glatt, kahl und über dem Ring feinschuppig. Der Ring hat einen doppelten Rand, ist jung weißlich und später gelblich. Das Fleisch ist weißlich bis gelblich, unter der Huthaut ockergelb, unveränderlich, schmeckt angenehm und riecht unauffällig. Der Pilz wächst von August bis Oktober vor allem in den Nadelwäldern von den Niederungen bis ins Gebirge, meistens auf sauren Böden. Er ist eßbar und schmeckt nach guter Zubereitung wie Fleisch. Die jungen Fruchtkörper sind vom Spitzbuckligen Orangeschleierling durch die die Lamellen bedeckende, häutige Hülle zu unterscheiden.

Der Reifpilz hat helleres Fruchtfleisch und einen häutigen Ring

☠ Braunroter Schleierling

Cortinarius phoeniceus (Bull.) ex R. Maire

Der Hut ist 20 bis 60 mm breit, jung eichelförmig, später stumpf gewölbt, im Alter ausgebreitet mit stumpfem Scheitel. Der Hutrand ist mäßig eingerollt, später durchgebogen bis lappig, die Oberfläche ist trocken, faserig seidig, manchmal feinschuppig und teilweise hygrophan (bei Feuchtigkeit dunkel verfärbend). Die Huthaut ist feinschuppig, rotbraun oder kastanienbraun mit roten Tönen. Die Lamellen sind mäßig dicht, spröde, am Stiel ausgeschnitten, beim Jungpilz mit einem Haarschleier bedeckt, blutrot, im Alter mit oliven Tönen. Der Stiel ist zylindrisch, oben unter dem Hut beständig gelb, die übrigen Abschnitte sind ockerfarben bis orangerostig, blutig gefasert. Die Haarschleierreste sind purpurrot und verbleiben als Ringandeutung lange am oberen Drittel des Stiels. Das Fleisch schmeckt bitter und riecht nach Rettich. Der Pilz wächst von Juli bis Ende Oktober in kleinen Gruppen auf sauren Böden unter Fichten, Kiefern, seltener auch unter Buchen. Er ist stellenweise stark verbreitet und kommt anderenorts überhaupt nicht vor. Er gehört zu den giftigen Pilzen und kann wie der Orangefuchsige Hautkopf (siehe Seite 108) ernsthafte Leber- und Nierenschäden verursachen.

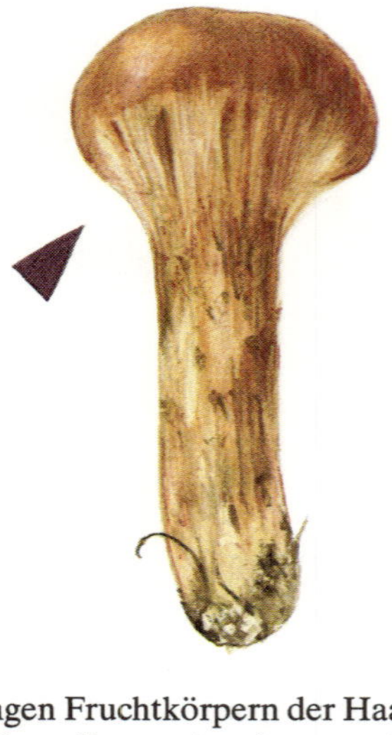

Bei den jungen Fruchtkörpern der Haarschleierpilze sind die Lamellen mit einem spinnwebartigen Schleier bedeckt

Braunroter Bläuling

Laccaria proxima (Boud.) Pat.

Der Hut erreicht Breiten von 35 bis 70 mm, ist in der Jugend halbkugelig, im Alter flach mit angedeutetem Scheitel, feinfilzig, im Alter feinschuppig, an den Rändern mäßig gerieft, fleischrötlich oder braunorange, bei Trockenheit hellocker. Die Lamellen sind 3 bis 10 mm hoch, entferntstehend, an den Stiel angewachsen, dunkelrosa, erwachsen mit Sporen weiß bestäubt. Der Stiel ist 40 bis 100 mm lang, 4 bis 8 mm breit, zylindrisch, röhrenartig hohl, auf der Oberfläche längsfaserig, fleischfarben rotbraun, unten braun und mäßig verbreitert, manchmal spindelartig gekrümmt. Das Fleisch ist hell fleischrot, zäh, schmeckt mild pilzartig und riecht nicht besonders. Der Pilz wächst von Juli bis November in Nadel- und Laubwäldern, meistens unter Kiefern auf Sandböden, von den Niederungen bis ins Gebirge. Er kommt verstreut auch im Torfmoos an nassen Stellen und zwischen Wäldern auf Gebirgsweiden vor. Er wächst auch unter Birken. Dieser Pilz ist eßbar. Gesammelt werden nur die Hüte, denn die Stiele sind zu zäh und faserig. Die jungen Fruchtkörper des Braunroten Bläulings (auch Fuchsiger Lacktrichterling) unterscheiden sich vom Braunroten Schleierling durch die Lamellen, die nicht so auffallend rot gefärbt und von keinem Haarschleier bedeckt sind.

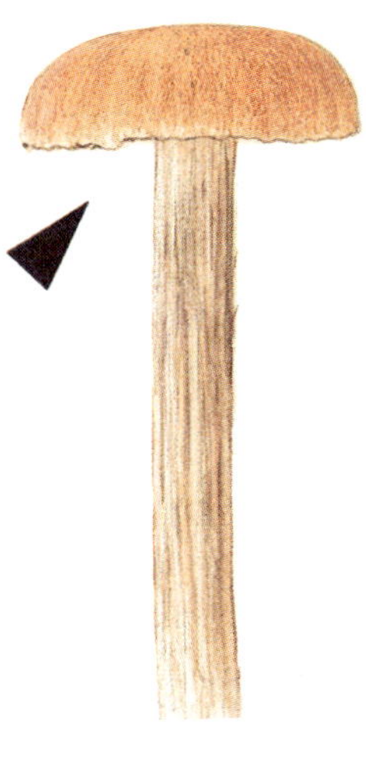

Der Braunrote Bläuling besitzt diesen Schleier niemals

Lila Dickfuß

Haarschleierpilze – *Cortinariaceae*

Cortinarius traganus (Fr. ex Fr.) Fr.

Der Hut ist 40 bis 60 mm breit, jung halbkugelig, hellviolett, seidig glänzend, durch einen violetten Schleier mit dem Stiel verbunden; erwachsen ist er gewölbt bis flach, hellocker bis weißlich verblassend, oft aufgeplatzt, trocken, am Rand mit Resten des Schleiers, der im Jugendstadium die Lamellen bedeckt. Die Lamellen stehen mittelmäßig dicht, sind mit dem Stiel verbunden, in der Jugend safranocker, im Alter rostig verfärbend bis rostbraun. Der Stiel ist anfangs bauchig, später keulenförmig, voll, violett, dann ocker verblassend, im unteren Abschnitt weißlich. Das Fleisch ist schmutziggelb bis gelbbraun, in der Stielbasis rostfarben, unveränderlich, schmeckt bei Jungpilzen stark bitter und riecht unangenehm nach Ziegenbock. Der Pilz wächst häufig von August bis Oktober in Laub- und Nadelwäldern, überwiegend auf saurer Unterlage. Er wird wegen des Gehalts an schädlichen Substanzen als schwach giftig angesehen.

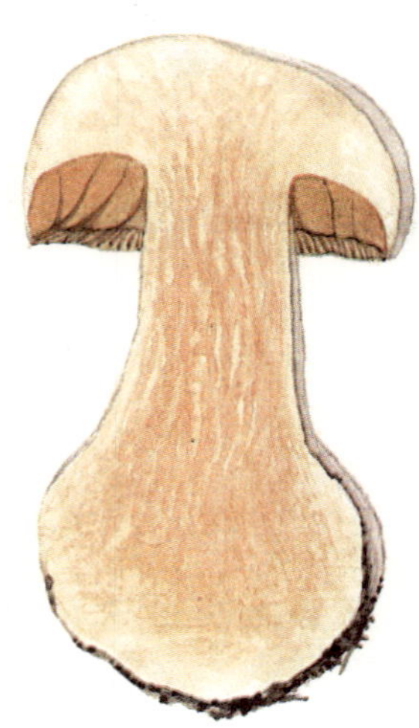

Der Lila Dickfuß hat dunkleres, unangenehm riechendes Fruchtfleisch

Blaugestiefelter Schleimkopf

Cortinarius praestans (Cord.) Gill.

Reifpilz, Zigeuner

Rozites caperata (Pers. ex Fr.) P. Karst

Blaugestiefelter Schleimkopf
Der Hut hat einen Durchmesser von 100 bis 200 mm, ist beim Jungpilz klein, fast kugelförmig und sitzt auf einer verhältnismäßig großen Knolle, mit der er durch einen Schleier verbunden ist. Der Hutrand ist eingerollt, der erwachsene Hut ist gewölbt, kastanienbraun mit violettkupfernen Tönen, fein verwachsen faserig, glänzend, mit angedrückten, flockigen Schleierresten, am Rand auffallend strahlig runzlig. Die Lamellen sind engstehend, weißlich mit amethystfarbenen Tönen, später cremefarben, erwachsen bis rostfarben. Sie sind am Stiel ausgeschnitten, ihre Schneiden sind gewöhnlich wellig und gekerbt. Der Stiel ist voll, keulig, unten hufartig verdickt, faserig seidig, jung weißviolett, erwachsen auf gelblichem Grund mit violettem oder weißlich gefärbtem Schleier überzogen, der zu mehreren schuppigen Ringen aufreißt. Das Fleisch ist hart, jung weißlich, später falb, schmeckt mild und riecht nicht besonders. Der Schleimkopf (auch Schleiereule) wächst von August bis Ende September überwiegend in den Laubwäldern von Vorgebirgen auf kalkiger Unterlage, er ist in Westeuropa häufiger. Er gehört zu den guten Speisepilzen und zu den größten Haarschleierlingen. Vom Lila Dickfuß unterscheidet er sich durch das hellere und nicht markant riechende Fleisch.

Reifpilz
Die eingehende Beschreibung des Reifpilzes befindet sich auf Seite 111. Diesen schmackhaften und begehrten Pilz unterscheidet man vom Lila Dickfuß durch die weiße bis gelbliche Farbe und den Geruch des Fruchtfleisches.

Reifpilz

Blaugestiefelter Schleimkopf

Der Reifpilz hat gelbliches, angenehm duftendes Fruchtfleisch

☠ Blut-Hautkopf, Blutroter Hautkopf

Dermocybe sanguinea (Wulf. ex Fr.) Wünsche

Der Hut hat einen Durchmesser von 20 bis 50 mm, ist in der Jugend gewölbt, später ausgebreitet, oft mit einem Buckel versehen, wenig fleischig, matt, feinflockig geschuppt, dunkelblutrot oder braunpurpur, bei Trockenheit verblassend. Die Lamellen sind dichtstehend, satt blut- bis granatrot, abgerundet, mit einem Zähnchen am Stiel befestigt, im hohen Alter durch ausfallende Sporen zimtfarben. Im frühen Jugendstadium sind die Lamellen mit einem purpurfarbenen faserigen Schleier überdeckt, von dem im Alter nur faserige Reste am Stiel verbleiben. Der Stiel ist zylindrisch, ungefähr 5 mm breit, mäßig gebogen, zur Basis hin verjüngt, in der Jugend voll, später wollig ausgestopft bis hohl, faserig, dunkelpurpur. Das Fleisch ist rotpurpur und verblaßt durch Trocknung; es schmeckt und riecht rettichartig. Der Pilz wächst von August bis Oktober in den Laubwäldern der Vorgebirge und Gebirge aus dem Humus hervor und auf Baumstümpfen, die mit Moos bewachsen sind. Er ist ein verhältnismäßig seltener Pilz, der von den meisten Spezialisten nicht zu den giftigen, sondern zu den ungenießbaren Arten gezählt wird. Er sollte nicht gesammelt werden, denn seine Erforschung ist bei weitem noch nicht abgeschlossen und ständig werden neue Toxine oder andere schädliche Substanzen entdeckt. Ein rot gefärbter Blut-Hautkopf kleineren Wuchses kann leicht mit dem Lacktrichterling verwechselt werden.

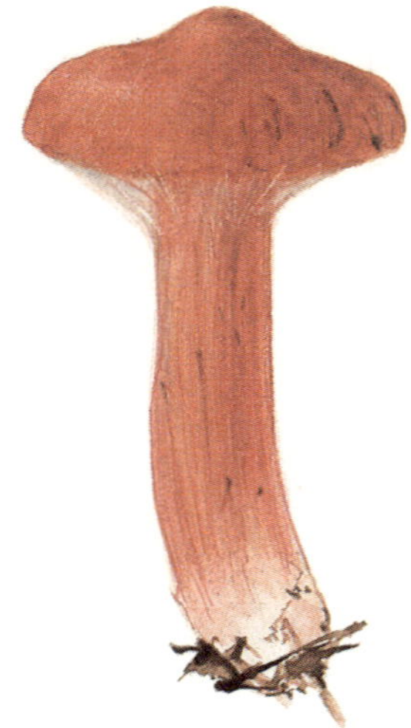

Alle Haarschleierpilze unterscheiden sich von den Lacktrichterlingen durch den Schleier, der im Jugendstadium ihre Lamellen bedeckt

Rötlicher Lacktrichterling

Laccaria laccata (Scop. ex Fr.) Cooke

Der Hut ist 20 bis 50 mm breit, jung gewölbt, später flach, in der Mitte grubig eingedrückt, auf der Oberfläche anfangs kahl, dann samtig bis mäßig schuppig, am Rand gerieft, durchscheinend, fleischfarben, rotbraun oder hautfarben, bei Trockenheit ockercreme. Die Lamellen sind 3 bis 7 mm hoch, angewachsen bis leicht am Stiel herablaufend, auffallend entferntstehend, blaß fleischrot, im Alter von den Sporen weiß bestäubt. Der Stiel ist rotbraun, faserig, 30 bis 70 mm hoch, 3 bis 5 mm breit, fest, zylindrisch, manchmal gekrümmt. Das Fleisch ist dünn, blaß fleischfarben rötlich, später verblassend, im Stiel zäh, schmeckt und riecht unauffällig. Der Pilz wächst von Juni bis Oktober in Nadel- und Laubwäldern, auf Waldwegen, in Waldgräben, Parks und Gärten, oft in umfangreichen Gruppen. Zur Verwandtschaft des Rötlichen Lackrichterlings gehören noch einige gute Arten, die untereinander sehr ähnlich sind und bei der Bestimmung oft verwechselt werden. Sie sind jedoch alle eßbar. Für Küchenzwecke werden die Hüte gesammelt, der Stiel ist zu zäh. Beim Sammeln sollte darauf achtgegeben werden, daß die Lamellen bei jüngeren Fruchtkörpern nicht mit einem Haarschleier bedeckt sind, weil es sich dann um Schleierlinge handelt.

Die Lacktrichterlinge tragen niemals einen Schleier

☠ Rotschuppiger Schleierling

Cortinarius bolaris (Pers. ex Fr.) Fr.

Der Hut ist 30 bis 60 mm breit, jung halbkugelig, später mit abgerundetem Scheitel ausladend gewölbt, weißlich, dann gelblich, schließlich rötlich bis gelb safranfarben, mit roten anliegenden Schuppen übersät, trocken. Die Lamellen stehen mäßig dicht, sie sind bogenförmig bis herablaufend, oft verzweigt, anfangs wässerig bräunlich, später zimtfarben, bei Verletzung karminrot verfärbend; sie sind im frühen Jugendstadium mit einem rötlichen Schleier bedeckt. Der Stiel ist zylindrisch, im Alter hohl, vergilbend, schließlich rot verfärbend, anfangs faserig, später feinstreifig geschuppt, an Druckstellen purpur, manchmal bis schwarz verfärbend. Das Fleisch ist weiß, verfärbt sich allmählich rot, riecht nicht markant und schmeckt leicht bitter. Der Pilz wächst vereinzelt von August bis September in Buchen- und Eichengehölzen überwiegend an feuchten Stellen und tritt an günstigeren Standorten in kleinen Gruppen auf. Er ist giftig und enthält ein Toxin, das sich mit Hilfe spezieller Mikroskopiertechniken gut identifizieren läßt. Der Genuß des Pilzes kann Vergiftungen hervorrufen, die Nierenschäden zur Folge haben und ärztliche Behandlung erfordern.

Die Lamellen des Rotschuppigen Schleierlings sind braun, später zimtfarben

Rötlicher Holzritterling

Tricholomopsis rutilans (Schaeff. ex Fr.) Sing.

Der Hut hat einen Durchmesser von 40 bis 130 mm, ist im Jugendstadium mit eingerolltem Rand glockenförmig, später ausladend bis flach und scharfrandig, jung mit kleinen, ineinanderlaufenden roten Schuppen bedeckt, die sich beim erwachsenen Pilz von der durchscheinenden gelblichen Huthaut abteilen, trocken, matt. Die Lamellen stehen mäßig gedrängt, laufen mit einem Zähnchen herab, sind an der Schneide stumpf, goldgelb. Der Stiel ist zylindrisch, zäh, in der Jugend ein wenig bauchig, goldgelb mit purpurfarbenen bis roten Flecken. Das Fleisch ist fest, saftig, sattgelb, unveränderlich, schmeckt schwach säuerlich und riecht mild erdig muffig. Der Pilz wächst recht oft von Juli bis Oktober auf Baumstümpfen und verborgenen Wurzeln von Nadelbäumen, vor allem von Kiefern, oft in kleinen Büscheln von den Niederungen bis ins Gebirge. Er gehört zu den guten Speisepilzen (vor allem die jungen Fruchtkörper). Seine Qualität wird aber unterschliedlich beurteilt. Bei der Behandlung mit Wärme verfärben sich die Gerichte, die diesen Holzritterling enthalten, dunkel und erhalten manchmal einen erdigen Beigeschmack. Deshalb sollte eine Zubereitungsart gewählt werden, bei der diese Eigenschaften des Pilzes nicht stören. Er kann zum Beispiel in Essig eingelegt oder Pilzmischgerichten, Teigmassen u.ä. zugefügt werden. Er eignet sich nicht für Suppen oder als eigenes Gericht. Von den Haarschleierlingen unterscheidet er sich dadurch, daß er auf Holz wächst, bei den jungen Exemplaren kein Schleier vorhanden ist und die Lamellen immer gelblich gefärbt sind.

Die Lamellen des Rötlichen Holzritterlings sind gelb gefärbt

☠ Schwefelritterling

Tricholoma sulphureum (Bull. ex Fr.) Kumm.

Der Hut ist 20 bis 70 mm breit, jung glockenförmig, bald mit abgerundetem Buckel breit ausladend, dünn. Die Huthaut ist glatt, kahl, glänzend, schwefelgelb bis olivtönig, in der Mitte mäßig bräunlich. Die Lamellen stehen entfernt, sie sind dick, ausgeschnitten, mit einem Zähnchen am Stiel herablaufend und schwefelgelb. Der Stiel ist zylindrisch, gewöhnlich recht lang, voll, im Alter wattig gestopft bis hohl, schwefelgelb mit zarten rostfarbenen Fasern. Das Fleisch des gesamten Fruchtkörpers ist schwefelgelb, unveränderlich, riecht widerlich nach Stadtgas und schmeckt unangenehm, schwach brennend. Der Pilz wächst von Juli bis November in Laub-, weniger in Nadelwäldern, meistens unter Buchen, wo er in ganzen Scharen auftritt. Dort kann es auch zu Verwechslungen mit dem Grünling kommen, der jedoch unter Buchen und überhaupt in Laubwäldern sehr selten ist. Der Schwefelritterling ist giftig und ruft 1 bis 3 Stunden nach dem Genuß Verdauungsbeschwerden hervor, die mit Erbrechen verbunden sind. Er enthält größere Mengen von Indolsubstanzen, die wahrscheinlich die Ursache für den unangenehmen Geruch des Pilzes und auch für die Vergiftung sind.

Schnitt durch den Fruchtkörper des Schwefelritterlings (im Stiel befindet sich markant gelbes Fleisch)

Grünling, Olivgrüner Ritterling

Tricholoma flavovirens (Pers. ex Fr.) Lund.

Die ausführliche Beschreibung befindet sich auf Seite 109. Beim Sammeln in Misch- oder Laubwäldern verwechseln unaufmerksame Pilzsucher den eßbaren Grünling (auch Echter Ritterling genannt) manchmal mit dem giftigen Schwefelritterling. Das passiert oft Rauchern, die den widerlichen Geruch des Schwefelritterlings nicht erkennen. Zum Glück ist die Vergiftung nicht allzu schwerwiegend. Trotzdem sollen hier die Erkennungsmerkmale des Grünlings wiederholt werden. Dieser ausgezeichnete Speisepilz unterscheidet sich vom Schwefelritterling vor allem durch seinen angenehmen mehligen Duft, den delikaten Geschmack, das hellere Fleisch und die enger stehenden Lamellen.

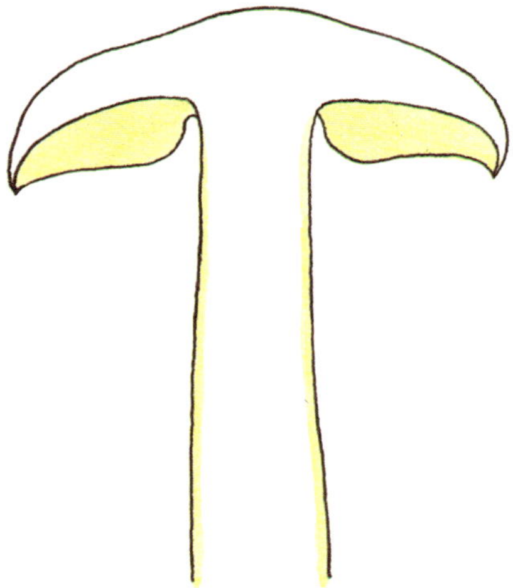

Schnitt durch den Grünling

Edelpilze – *Agaricaceae*

☠ Fleischrötlicher Schirmling

Lepiota helveola Bres.

Der Hut hat einen Durchmesser von 15 bis 40 mm, ist im Jugendstadium halbkugelig, später ausgebreitet mit Buckel, am Rand flockig, feinfilzig, trocken; bei den jüngeren Fruchtkörpern ist die Huthaut satt rotbraun, an den Rändern heller mit rosa Tönen. Im Alter sind auf der Hutoberfläche unregelmäßig längliche Schuppen erkennbar, die in fast zentrischen Kreisen angeordnet sind. Sie sind fleisch- bis ziegelrot, sehr klein und überragen den Hutrand ungefähr um 1 mm. Zwischen den Schuppen leuchtet die schmutzigrosa Hutoberfläche hindurch. Die Lamellen sind gedrängt, weiß, verhältnismäßig hoch und vom Stiel abgelöst. Der Stiel ist faserig, schuppig, kahl werdend, wie der Hut gefärbt. Ungefähr in der Stielmitte befindet sich ein unscheinbarer, verschwindender, schuppig weißer Ring. Darüber ist der Stiel mit sehr feinen weißen Fasern bedeckt. Das Fleisch ist weiß, unveränderlich, verfärbt sich durch Austrocknen rosa, ist ohne markanten Geschmack und Geruch. Der Pilz wächst von August bis Oktober in wärmeren Gebieten an grasbewachsenen Stellen in Gärten, auf Weiden und an Waldrändern. Er kommt auf kalkiger Unterlage häufiger vor, gehört im ganzen aber zu den seltenen Arten. Dieser Pilz gehört zu den rötlichen Zwergschirmlingen, die ähnlich giftige Substanzen enthalten wie der Grüne Knollenblätterpilz. Er ruft Phalloidvergiftungen mit hartnäckigen Durchfällen, Erbrechen und anschließender Schädigung der Leber hervor. Die Heilung erfolgt wie bei der Vergiftung mit dem Grünen Knollenblätterpilz. Der Fleischrötliche Schirmling kann mit dem Safranschirmling oder dem Nelkenschwindling verwechselt werden.

Hut des Fleischrötlichen Schirmlings

Safranschirmling, Rötender Riesenschirmling

Macrolepiota rhacodes (Vitt.) Sing.

Die ausführliche Beschreibung befindet sich auf den Seiten 41 und 127. Der Safranschirmling tritt einzeln oder in umfangreichen Gruppen von Juni bis Oktober in Laub- und Nadelwäldern, vor allem an wärmeren und trockenen Standorten auf. Sein Pilzgeflecht bleibt an den Standorten mehrere Jahre erhalten. Man findet ihn auch in reinen Akazienwäldern, die sonst an Pilzarten verhältnismäßig arm sind. In Gärten wächst manchmal auf Komposthaufen und gedüngten Böden eine helle Abart dieses Schirmlings, die als Gartenschirmling (var. *hortensis*) bezeichnet wird. Der Safranschirmling gehört zu den hervorragenden Speisepilzen, wird von den Pilzsuchern aber weniger gesammelt als der Natternstielige Riesenschirmling, was vielleicht daran liegt, daß sich das Fruchtfleisch rot verfärbt. Vom Fleischrötlichen Schirmling unterscheidet er sich durch seinen größeren Fruchtkörper und durch die an Verletzungen eintretende farbliche Veränderung des Fleisches. Der Safranschirmling verfärbt sich an Verletzungen zuerst gelb und dann rot, während das Fleisch des Fleischrötlichen Schirmlings beständig weiß ist.

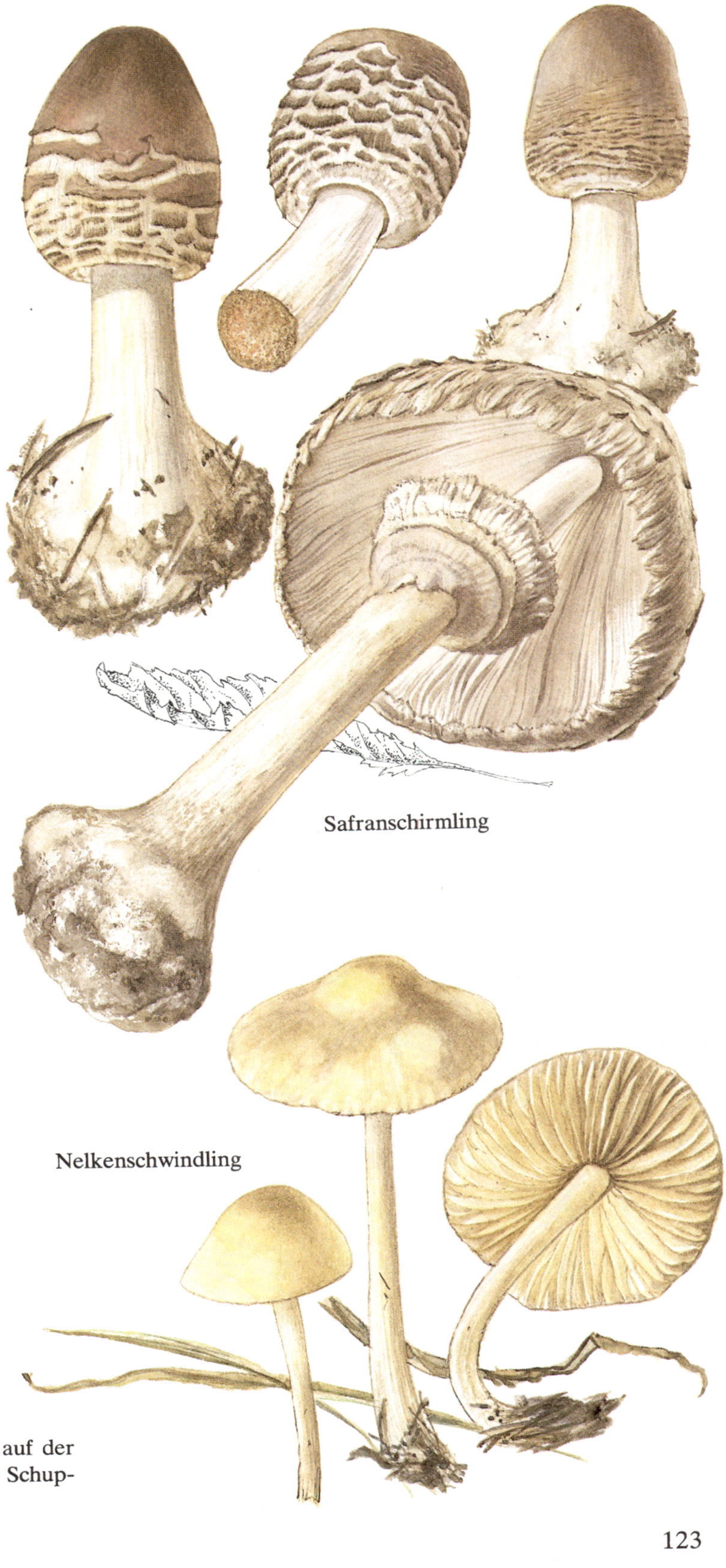

Safranschirmling

Nelkenschwindling

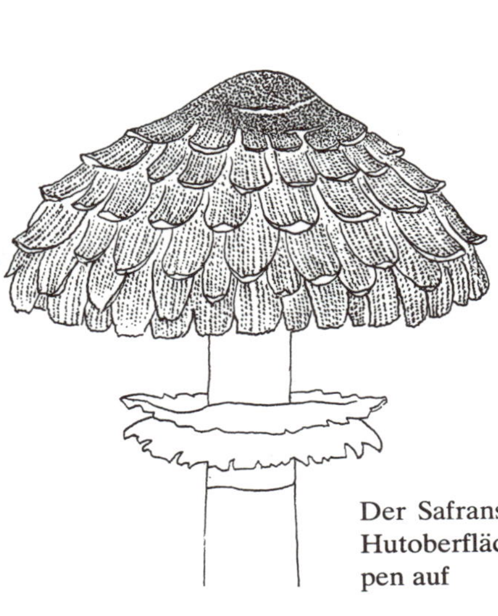

Der Safranschirmling weist auf der Hutoberfläche markante Schuppen auf

☠ Braunvioletter Zwergschirmling

Lepiota fuscovinacea Moell. et J. Lange

Der Hut ist 30 bis 50 mm breit, in der Jugend halbkugelig, später breit glockenförmig mit abgerundetem Scheitel, im Alter ausladend, aber immer mit Buckel, anfangs rotbraun, leicht filzig, zu recht breiten angedrückten Schuppen aufplatzend oder mit feinen abstehenden Haarbüscheln bedeckt. Die Lamellen sind beim Jungpilz mit einem grauvioletten Schleier bedeckt, im Alter frei, gedrängtstehend und weiß. Der Stiel ist gerade, zylindrisch, oben kahl und weiß, sonst mit purpurlila Fasern dicht wollig (weiter unten graubraun), mit weißlichem, faserig häutigem Ring. Das Fleisch ist dünn, weiß, zwischen den Schuppen faserig seidig, blaß weinrot, schmeckt nicht besonders und riecht schwach nach Obst. Der Pilz wächst sehr vereinzelt von August bis September in warmen Gebieten unter Fichten und Kiefern auf kalkiger Unterlage. Er enthält wie andere farbige Zwergschirmlinge die Giftstoffe des Grünen Knollenblätterpilzes und verursacht Phalloidvergiftungen, die von hartnäckigen Durchfällen, starkem Erbrechen und schließlich von Leberschäden begleitet werden. Die Heilung erfolgt wie bei der Vergiftung mit dem Grünen Knollenblätterpilz. Der Braunviolette Zwergschirmling (auch Weinroter Schirmling) wird vereinzelt mit dem Rötlichen Lacktrichterling oder dem Nelkenschwindling verwechselt.

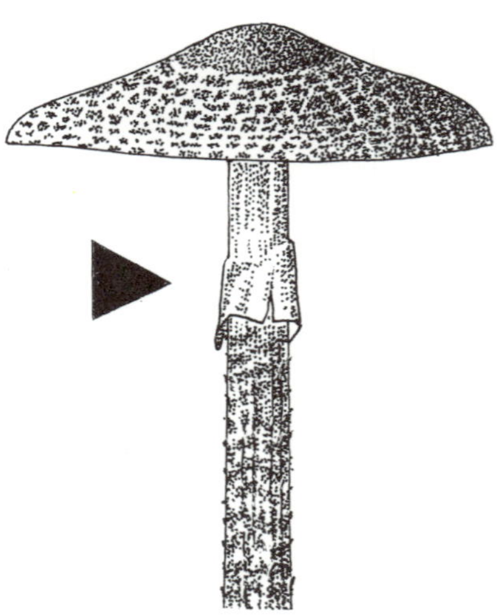

Beim Braunvioletten Zwergschirmling ist der Ring am Stiel gut sichtbar

Ritterpilze – *Tricholomataceae*

Rötlicher Lacktrichterling

Laccaria laccata (Scop. ex Fr.) Cooke

Ritterpilze – *Tricholomataceae*

Nelkenschwindling, Feldschwindling

Marasmius oreades (Bolt ex Fr.) Fr.

Rötlicher Lacktrichterling
Die eingehende Beschreibung ist auf Seite 117 enthalten. Beim Sammeln achtet man vor allem auf den Stiel und die Lamellen. Im Unterschied zum Braunvioletten Zwergschirmling hat der Rötliche Lacktrichterling am Stiel keinen Ring, seine Lamellen sind hellfleischrot und im Alter wie lackiert weiß bestäubt.

Nelkenschwindling
Der Hut ist 15 bis 35 mm breit, im Jugendstadium stumpf kegelförmig oder halbkugelig gewölbt, später ausgebreitet, in der Mitte mit stumpfem Buckel, am Rand von den durchscheinenden Rillen fein gerieft, sonst glatt, semmelfarben oder hell fleischfarben, bei Feuchtigkeit dunkler. Die Lamellen stehen sehr entfernt, sie sind dick, hoch, am Stiel ausgeschnitten und etwas heller gefärbt als der Hut. Der Stiel ist zylindrisch, lang, dünn, voll, bereift, hellocker, unten weiß filzig, elastisch, sehr widerstandsfähig bis unzerbrechlich. Das Fleisch ist weißlich, sehr dünn, unveränderlich, schmeckt angenehm und duftet nach bitteren Mandeln. Der Nelkenschwindling wächst von Mai bis Oktober an grasbewachsenen Stellen – auf Rainen, Wiesen, in Gärten – von den Niederungen bis in die Berge. Dieser ausgezeichnete Speisepilz eignet sich besonders für Suppen. Es werden nur Hütchen gesammelt. Er unterscheidet sich vom Braunvioletten Zwergschirmling dadurch, daß er keinen Ring hat und einen überaus elastischen Stiel aufweist. Die Hutoberfläche ist glatt wie die des Lacktrichterlings, nicht schuppig.

Rötlicher Lacktrichterling

Nelkenschwindling

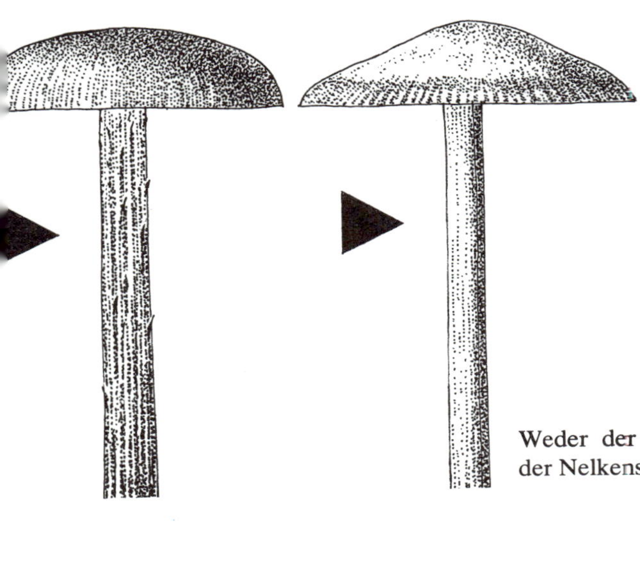

Weder der Rötliche Lacktrichterling (links) noch der Nelkenschwindling (rechts) haben einen Ring

☠ Kegelschuppiger Schirmling, Rauher Wulstling

Lepiota aspera (Pers. ex Fr.) Quél.

Der Hut ist 50 bis 110 mm breit, anfangs halbkugelig, später gewölbt bis flach, filzig, tabakbraun, dicht bedeckt mit borstigen, aufrecht stehenden, stachligen, schwarzbraunen Schuppen, die im Alter leicht abfallen. Die Lamellen sind weiß, gedrängt, frei und recht hoch. Der Stiel ist gerade, leicht ausbrechbar, zylindrisch, unten zu einer niedrigen glatten Knolle erweitert, im Alter röhrenartig hohl, über dem Ring weißlich und glatt, darunter fein behaart, weiß, mit vielen braunen, abstehenden Stacheln versehen, die auf den Ring übergreifen. Beim Jungpilz sind die Lamellen mit einem faserigen Schleier bedeckt, der dann im Alter einen schmalen, rotbraun geschuppten Ring bildet. Das Fleisch ist weiß, unveränderlich, schmeckt leicht säuerlich und riecht markant nach Bovist. Der Pilz wächst selten von Juli bis Oktober in allen Waldarten oder in Gärten. Er ist schwach giftig und verursacht Durchfälle und Erbrechen. In diesem Pilz wurden auch geringe Mengen der Toxine des Grünen Knollenblätterpilzes festgestellt.

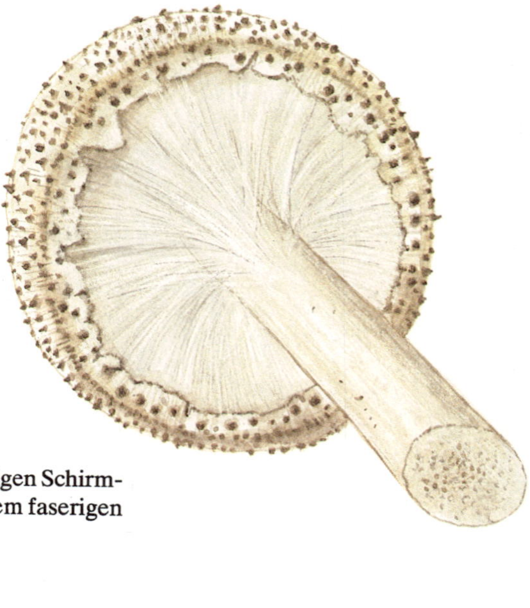

Jüngerer Fruchtkörper des Kegelschuppigen Schirmlings – die Lamellen sind bisher mit einem faserigen Schleier bedeckt.

Safranschirmling, Rötender Riesenschirmling

Macrolepiota rhacodes (Vitt.) Sing.

Der Hut hat einen Durchmesser von 90 bis 140 mm, ist beim Jungpilz fast kugelförmig, später glockenartig gewölbt, beim erwachsenen Pilz flach ausgebreitet mit Buckel in der Mitte, an der Oberfläche zu auffallend großen, anfangs hellbraunen, später dunklen Schuppen aufgeplatzt, die dachziegelartig angeordnet und abstehend sind; die Huthaut bleibt nur in der Mitte um den Buckel herum geschlossen. Die Lamellen sind dicht, hoch, vom Stiel abgelöst, am Rand abgerundet, weiß, an Schadstellen rot verfärbend, in der Jugend mit einem häutigen Schleier bedeckt. Der Stiel ist zylindrisch, ausbrechbar, unten auffallend knollenförmig erweitert, röhrenartig hohl, jung weißlich, erwachsen bräunlich, an Druckstellen rot verfärbend. Im oberen Stieldrittel ist ein weißer, beweglicher Doppelring. Das Fleisch ist weiß, verfärbt sich im Schnitt anfangs safrangelb, dann rot und allmählich braun. Es ist im Hut wattig, im Stiel fast holzig, hat angenehmen pilzartig süßlichen, manchmal ein wenig nußartigen Geschmack und markanten pilzigen Geruch. Der Safranschirmling wächst von den Niederungen bis in die Vorgebirge recht häufig von Juni bis Oktober in Laub- und Nadelwäldern, in Gärten, Parks und reinen Akazienwäldern. Die Fruchtkörper treten einzeln und auch in großen Gruppen auf. Der Safranschirmling ist ein sehr guter Speisepilz. Er unterscheidet sich vom Kegelschuppigen Schirmling durch den häutigen Schleier der Jungpilze und den abweichenden Charakter der Schuppen auf der Hutoberfläche älterer Exemplare. Ein gutes Unterscheidungsmerkmal ist auch der angenehme pilzartige Duft des Safranschirmlings, im Gegensatz zu dem markant bovistartig üblen Geruch des Kegelschuppigen Schirmlings.

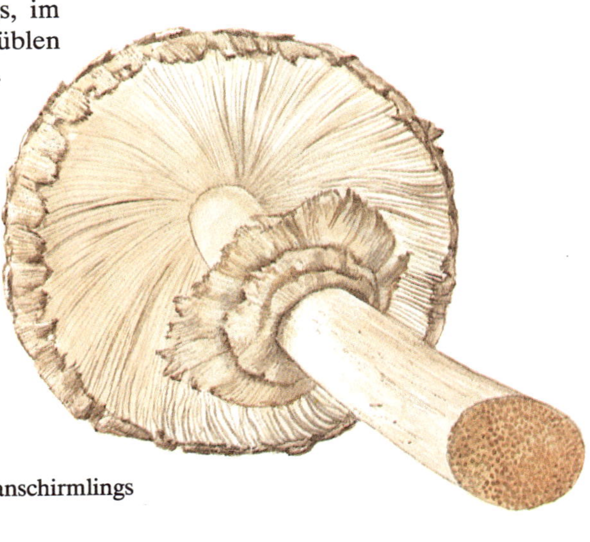

Jüngerer Fruchtkörper des Safranschirmlings

☠ Großer Rettichfälbling

Hebeloma sinapizans (Paulet ex Fr.) Gill.

Der Hut ist 80 bis 120 mm breit, ziegelrot, später falb, glatt, kahl, wenig schlüpfrig, gewölbt, im Alter flach bis fast durchgebogen und zäh. Die Lamellen sind dicht, ganzrandig, lehmbraun bis zimtfarben, nicht tränend, hoch, in der Jugend weißlich. Der Stiel ist blaß, zu faserigen Schuppen aufplatzend, zylindrisch, unten zu einer kleinen Knolle erweitert, faserig fleischig. Das Fleisch ist weißlich bis ockertönig, schmeckt und riecht schwach bitter nach Rettich. Der Pilz wächst vereinzelt von den Niederungen bis in die Vorgebirge von August bis Oktober in Laub- und Mischwäldern und kommt in Parks vor allem unter Buchen vor, er ist nicht selten. Er gehört zu den schwach giftigen Pilzen. Bisher ist er nicht gründlich untersucht worden, es sind aber Fälle mit leichten Vergiftungen bekannt, die durch die Verwechslung mit dem Pappelritterling oder spät wachsenden Maipilzen hervorgerufen wurden. Die Vergiftung äußert sich durch Unwohlsein, Erbrechen und Durchfälle.

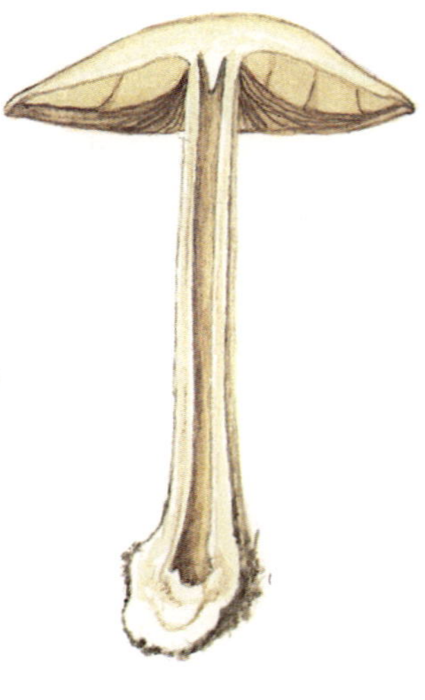

Schnitt durch den Fruchtkörper des Großen Rettichfälblings

Pappelritterling

Tricholoma populinum J. Lange

Der Hut hat einen Durchmesser von 50 bis 150 mm, ist beim Jungpilz halbkugelförmig mit eingerolltem Rand, ausgewachsen dann flach ausgebreitet mit geradem Rand, fleischig und fest. Die Huthaut ist graubraun bis rotbraun, an der Spitze dunkler, bis zu zwei Dritteln abziehbar, manchmal gefleckt. Die Lamellen sind mit einem Zähnchen ausgebuchtet und am Stiel herablaufend, dichtstehend, weißlich bis hautfarben, im Alter rostig verfärbend. Der Stiel ist zylindrisch, unten manchmal geschwollen, wurzelnd, voll, glatt, oben mehlig bereift, weiß, zart rostig verfärbend. Das Fleisch ist dauerhaft reinweiß, fleischig, unter der Huthaut bräunlich, riecht gurkenartig mehlig, schmeckt anfangs ebenfalls so, nach einer Weile jedoch recht herb bitter. Der Pilz wächst von August bis Oktober von den Niederungen bis in die Vorgebirge in Wäldern, Hainen, Gärten und Alleen unter Pappeln. Er ist auch bei einzelnstehenden Pappeln zu finden. Er tritt an geeigneten Plätzen über mehrere Jahre und stellenweise in großer Menge auf. Dieser Pilz hat sich wegen seines festen Fleisches besonders beim Einlegen in saure Aufgüsse bewährt. Er wird zur Zubereitung von Suppen, Saucen und zum Fleisch verwendet. Der bitterherbe Geschmack verliert sich durch die Behandlung mit Wärme. Er unterscheidet sich vom Rettichfälbling leicht durch die Konsistenz des Fleisches und den gurkenartig mehligen Duft. Schwieriger ist die Unterscheidung von ähnlichen braunen Ritterlingen, die meistens giftig sind. Vor allem sollte man darauf achten, unter welchen Bäumen man die Ritterlinge sammelt, beim Pappelritterling sollten es immer Pappeln sein.

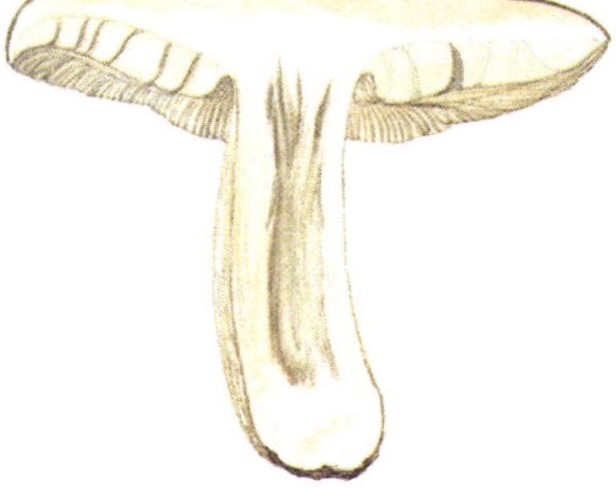

Schnitt durch den Pappelritterling

☠ Tongrauer Fälbling, Gemeiner oder Tränender Fälbling

Hebeloma crustuliniforme (Bull. ex. St. Am.) Quél.

Der Hut hat einen Durchmesser von 40 bis 70 mm, ist hellgrauocker, manchmal dunkelbraun, an der Peripherie immer heller, glatt, kahl, bei Feuchtigkeit schmierig, oft durchgebogen. Die Lamellen sind dicht, dünn, an der Schneide mäßig gezähnt, angewachsen, weißlich, später lehmbraun und stoßen Tropfen von wässerigem, bitterem Saft ab, der nach dem Eintrocknen dunkle Flecken hinterläßt. Der Stiel ist zylindrisch, unten verdickt, in der Jugend wattig gestopft, später hohl, weißlich bis cremefarben, oben mit kleinen Körnchen übersät. Das Fleisch ist weißlich bis hellcremefarben, unveränderlich, riecht nach Rettich und schmeckt unangenehm, manchmal ein wenig zusammenziehend bitter. Der Fälbling wächst von Mai bis Oktober in Wäldern, auf Waldwiesen, in Alleen, in Parks und überall dort, wo er genügend Pflanzenreste vorfindet. Er ist mäßig giftig und gelangt manchmal durch das unachtsame Sammeln von späten Maipilzen oder Pappelritterlingen in die Speisen. Dank der Wärmebehandlung oder der Zugabe von Gewürzen muß der Geschmack des Gerichts nicht beeinträchtigt sein, es können aber Übelkeit, Erbrechen und Magenbeschwerden eintreten.

Der Tongraue Fälbling hat bräunliche Lamellen

Ritterpilze – *Tricholomataceae*

Maipilz, Mairitterling

Calocybe gambosa (Fr.) Donk

Ritterpilze – *Tricholomataceae*

Pappelritterling

Tricholoma populinum J. Lange

Maipilz
Der Hut ist 30 bis 100 mm breit, im Jugendstadium fast halbkugelförmig, später glockig, bald breit gewölbt, erwachsen flach ausgebreitet, lange Zeit mit abgerundetem, eingerolltem Rand, weißlich bis ocker, selten gelblich, glatt, kahl und dickfleischig. Die Lamellen stehen sehr gedrängt, sind auffallend niedrig, laufen mit einem Zähnchen am Stiel herab, sind weißlich und im Alter cremefarben. Der Stiel ist zylindrisch, bis 30 mm breit, fest, voll, weiß, im Alter unten mäßig bräunlich. Das Fleisch ist weiß, fest, saftig und unveränderlich, riecht intensiv mehlig und schmeckt gurkenartig mehlig. Der Maipilz wächst häufig von April bis Juni in allen Wäldern, vor allem im Gras an ihren Rändern, an Wegen, in Gärten und Parks, unter Laubbäumen und Sträuchern. Stellenweise kommt er auch auf Rasenflächen vor. Er wächst von den Niederungen bis in die Vorgebirge. Er gehört zu den sehr guten Speisepilzen. Vom Tongrauen Fälbling unterscheidet er sich vor allem durch den angenehmen mehligen Geruch und den delikaten gurkenartig mehligen Geschmack. Ein wichtiges Unterscheidungsmerkmal sind auch die ständig weißen Lamellen, die beim Jungpilz so dicht stehen, daß sie an die Blätter eines geschlossenen Buches erinnern.

Maipilz

Pappelritterling
Die eingehende Beschreibung des Pappelritterlings befindet sich auf Seite 129. Er unterscheidet sich vom Tongrauen Fälbling durch den gurkenartig mehligen Geruch und den angenehmeren Geschmack. Ein weiteres Unterscheidungsmerkmal sind die Lamellen, die niemals dunkle Flecken aufweisen wie die des Tongrauen Fälblings.

Pappelritterling

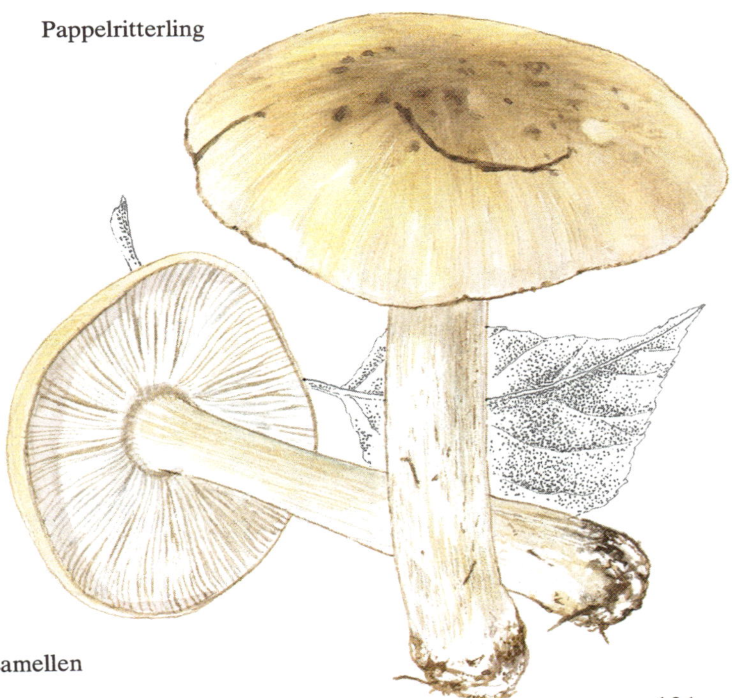

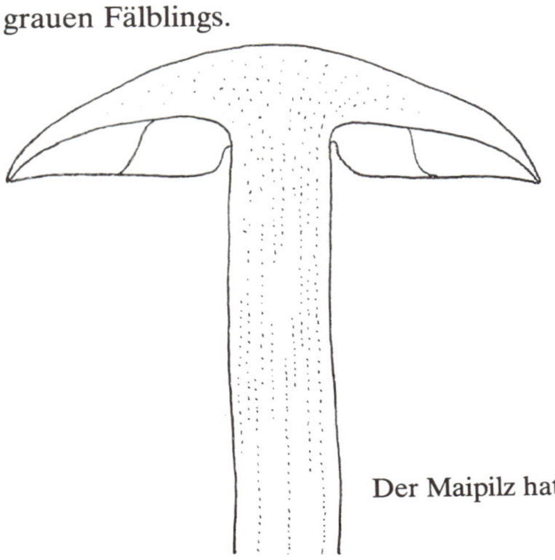

Der Maipilz hat immer weiße Lamellen

☠ Brennender Erdritterling

Tricholoma virgatum (Fr. ex Fr.) Kumm.

Der Hut ist 30 bis 80 mm breit, jung kegelförmig mit scharf hervortretendem Buckel, erwachsen flach ausgebreitet, am Rand strahlig geplatzt, silbrig grau, glänzend, verwachsen graubraun gemasert. Die Lamellen stehen mittelmäßig dicht, laufen mit einem Zähnchen herab, sind weiß, bald leicht grau, an der Schneide ausgefranst und oft dunkler getupft. Der Stiel ist zylindrisch, bis 100 mm lang, glatt, weiß, bald angegraut. Das Fleisch ist weißlich grau, unveränderlich, riecht schwach erdig und schmeckt bitter und brennend. Der Pilz wächst nicht sehr häufig von September bis November in Nadelwäldern, überwiegend unter Fichten und Kiefern. Dieser mäßig giftige Pilz verdirbt mit seiner Schärfe nicht nur die Speisen, sondern kann auch eine unangenehme Vergiftung hervorrufen, die mit Erbrechen und Durchfällen verbunden ist.

Der Brennende Erdritterling hat auf der Hutoberfläche eingewachsene Fasern

Graublättriger Erdritterling

Tricholoma terreum (Schaeff. ex Fr.) Kumm.

Die Beschreibung dieses Pilzes ist auf Seite 101 zu finden. Beim Sammeln des Graublättrigen Erdritterlings, der im Herbst allgemein in allen Waldarten auftritt, kommt es unnötigerweise zu Verwechslungen mit dem mäßig giftigen Brennenden Erdritterling. Der Graublättrige Erdritterling wächst in Haufen von September bis November in Nadel- und Mischwäldern, vor allem auf Lichtungen und an Waldrändern, in Parks, aber auch in dichten Fichten- und Kieferngehölzen. Am meisten kommt er in Wäldern vor, die auf ärmeren Böden wachsen. Er ist in der gesamten gemäßigten Zone der nördlichen Halbkugel und in Afrika verbreitet. Er ist eßbar, jedoch von minderer Qualität, durch sein massenhaftes Vorkommen aber leicht zu finden. Er wird verschiedenen Pilzgemischen und Suppen beigefügt, eignet sich zum Trocknen und zum Einlegen in Essig. Vom Brennenden Erdritterling unterscheidet er sich durch den wenig markanten, aber angenehmen Geschmack (der Brennende Erdritterling schmeckt, roh genossen, bitter bis stark brennend) und den filzigen oder faserig schuppigen Hut (beim Brennenden Erdritterling ist die Hutoberfläche glatt, mit verwachsenen graubraunen Fasern glänzend).

Der Graublättrige Erdritterling hat einen filzigen oder faserig schuppigen Hut

☠ Bleigrauer Scheidenstreifling

Amanita vaginata (Bull. ex Fr.) Quél.

Der Hut ist 30 bis 90 mm breit, in der Jugend kegel- oder glockenförmig, bald ausgebreitet bis flach, mit kleinem Buckel, grau bis graubraun, bis entfernt vom Rand auffallend gerieft, dünnfleischig, brüchig, meistens kahl oder nur mit vereinzelten Hüllfetzen. Der junge Fruchtkörper erinnert an ein kleines Ei. Wenn die Hülle aufreißt, bildet sich am unteren Abschnitt des Stiels eine zipfelige Scheide. Die Huthaut ist beim Jungpilz klebrig, bei Trockenheit kahl, glänzend. Die Lamellen sind frei, gedrängt, hoch, spröde und weiß. Der Stiel ist ausbrechbar, gerade, lang, nach unten allmählich kegelartig erweitert, glatt oder mäßig schuppig, weiß oder leicht grau, ringlos, im Basisabschnitt mit einer hohen, freien, zipfeligen, weißen Scheide umhüllt. Das Fleisch ist weißlich, stark wässerig, sehr brüchig, unveränderlich, schmeckt schwach süßlich und riecht nicht besonders. Der Pilz wächst zahlreich von Juni bis Oktober in Laub- und Nadelwäldern auf sauren Böden, vor allem unter Birken. Der rohe Fruchtkörper ist stark giftig, er muß bei der Verwendung in der Küche immer gründlichst mit Wärme behandelt werden. Achtung vor möglicher Verwechslung mit dem nicht typischen Fruchtkörper des Grünen Knollenblätterpilzes, von dem er sich (wie alle Scheidenstreiflinge) vor allem durch den fehlenden Ring unterscheidet!

Dachpilze – *Pluteaceae*

Großer Scheidling

Volvariella speciosa (Fr.) Sing.

Knollenblätterpilze – *Amanitaceae*

Verfärbender Scheidenstreifling

Amanita umbrinolutea Secr.

Großer Scheidling
Der Große Scheidling ist auf Seite 47 ausführlich beschrieben. Der Hut ist 60 bis 120 mm breit, seine Oberhaut ist schmutzig weiß, leicht grau bis bräunlich. Die Lamellen sind in der Jugend weißlich, im Alter fleischrosafarben. Der Stiel ist weiß, ringlos, unten von einer weißlichen, freien, zipflig lappigen Scheide umgeben. Das Fleisch ist weiß, riecht und schmeckt honigartig nach Kartoffeln. Vom Bleigrauen Scheidenstreifling unterscheidet er sich vor allem durch die im Alter fleischrosafarbenen Lamellen und den Standort: Er wächst an gut gedüngten Stellen außerhalb des Waldes.

Verfärbender Scheidenstreifling
Der Hut ist 50 bis 120 mm breit, im Jugendstadium eiförmig und in eine weiße Hülle eingeschlossen, im Alter flach ausgebreitet, rostig bräunlich, an den Rändern markant gerieft, bei Feuchtigkeit schmierig, sonst glänzend, glatt. Die Lamellen sind dichtstehend, hoch, weiß und frei. Der Stiel ist zylindrisch, nach unten allmählich verbreitert, wächst aus einer freien, zipfeligen, gräulichen Scheide hervor, der Ring fehlt. Das Fleisch ist weiß, wässerig, sehr spröde, unveränderlich, schmeckt angenehm süßlich und riecht nicht besonders. Der Pilz wächst von Juli bis Oktober in den Fichtengehölzen der Vorgebirge und Gebirge. Er ist eßbar und schmackhaft. Er unterscheidet sich vom Blaugrauen Scheidenstreifling vor allem durch den rostig braunen Hut.

Großer Scheidling

Den eßbaren Verfärbenden Scheidenstreifling unterscheidet man vor allem an der Hutfarbe

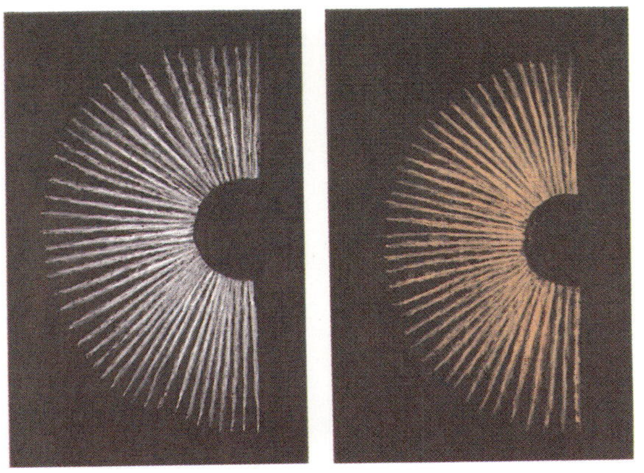

Die Scheidenstreiflinge haben hellen Sporenstaub, der Große Scheidling hat rosafarbene Sporen

Galliger Ritterling

Ritterpilze – *Tricholomataceae*

Tricholoma aestuans Fr.

Der Hut hat einen Durchmesser von 30 bis 80 mm, ist im Jugendstadium kugelförmig mit eingerolltem Rand, später flach ausgebreitet bis ein wenig eingedrückt mit einem kleinen Buckel in der Mitte und mäßig gewelltem Rand. Die Huthaut ist hellolivocker, verwachsen längsfaserig, glatt, beim erwachsenen Pilz um den Buckel herum fein geschuppt, leicht braun verfärbend und bei Feuchtigkeit schmierig. Die Lamellen stehen mäßig dicht, sie laufen mit einem Zähnchen herab, sind in der Jugend grünlich sattgelb, erwachsen blaßgelboliv, an der Schneide grob gesägt und braun verfärbend. Der Stiel ist zylindrisch, voll, kurz (ist jedoch, wenn der Pilz aus Humus hervorwächst, länger), elastisch, faserig bis fein gerieft, in der Jugend olivfarben, im Alter verblassend. Das Fleisch ist weiß, später gelblich, riecht unbedeutend bis schwach mehlartig und schmeckt anfangs bitter, nach einer Weile markant brennend. Der Pilz wächst vereinzelt von September bis November überwiegend in sandigen Kieferngehölzen zusammen mit dem Grünling. Auf alkalischen Böden tritt er nicht auf. Dieser schwach giftige Pilz ruft Verdauungsstörungen und Erbrechen hervor.

Schnitt durch den Galligen Ritterling; neben dem bitteren Geschmack des Fruchtfleisches unterscheidet ihn vom Grünling auch das gelbliche Fleisch älterer Fruchtkörper

Grünling, Olivgrüner Ritterling

Tricholoma flavovirens (Pers. ex Fr.) Lund.

Die ausführliche Beschreibung befindet sich auf Seite 109. Der Grünling wächst überwiegend in Kiefernwäldern mit sandiger Unterlage. Die Fruchtkörper erscheinen von September bis Anfang November, oft gruppenweise oder in sogenannten Hexenringen. Dieser Pilz ist in der Küche vielseitig verwendbar, er hat einen ausgezeichneten Geschmack und festes Fleisch. Vom Galligen Ritterling unterscheidet man ihn sicher, wenn man das Fruchtfleisch kostet. Der bittere, nach kurzer Zeit markant brennende Geschmack verrät den Galligen Ritterling.

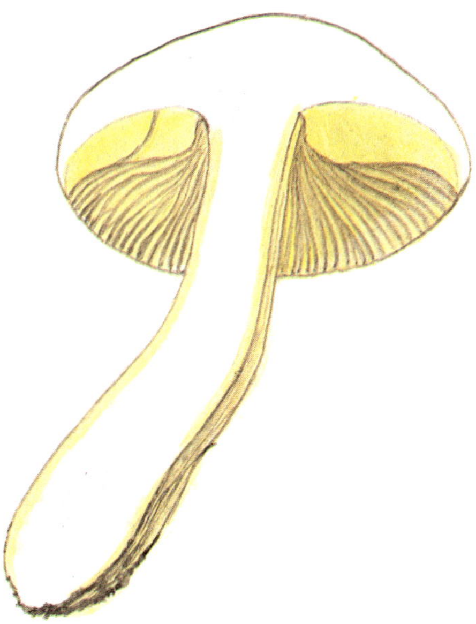

Schnitt durch den Grünling

☠ Zitronenblättriger Täubling

Russula chrysodacryon Sing.

Der Hut hat einen Durchmesser von 50 bis 100 mm, ist in der Jugend halbkugelförmig, später flach gewölbt, im Alter auch ausgebreitet, mäßig vertieft, dunkelviolett, trüb purpurfarben, gräulich oder trüb olivgrün, oft gelb gefleckt. Die Huthaut ist matt und nur beim Jungpilz klebrig. Die Lamellen sind dicht, niedrig, bei Feuchtigkeit tränend, jung gelblich, im Alter bis buttergelb. Der Stiel ist zylindrisch, hart, voll, zitronengelblich mit purpurvioletten Tönen, wie bereift. Das Fleisch ist fest, zitronengelblich, an Schadstellen safranfarben, unter der Huthaut purpurfarben, es riecht angenehm nach Obst, schmeckt aber sofort unerträglich scharf brennend. Der Pilz wächst von Juli bis Oktober in Nadelwäldern. Er enthält erhebliche Mengen an harzigen Substanzen, die den Verdauungsapparat stark reizen. Der Zitronenblättrige Täubling verfärbt sich unter Einwirkung der Ammoniaklösung sofort rot.

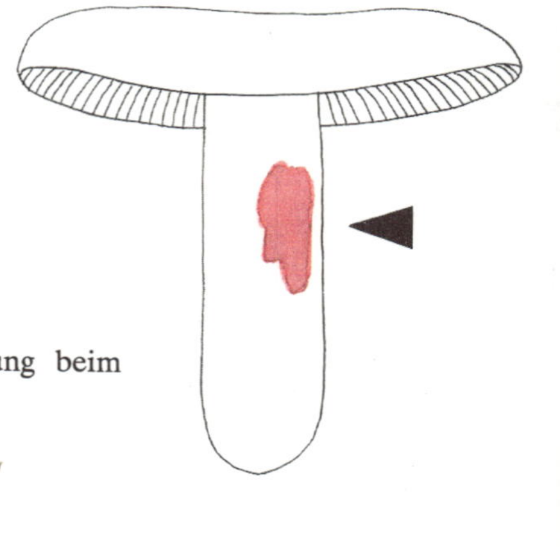

Chemische Reaktion auf Ammoniaklösung beim Zitronenblättrigen Täubling

Frauentäubling

Russula cyanoxantha (Schaeff. ex Schw.) Fr.

Grüner Speisetäubling

Russula heterophylla (Fr.) Fr.

Frauentäubling
Der Hut hat einen Durchmesser von 60 bis 150 mm, ist in der Jugend fast kugelförmig, später halbkugelig gewölbt, erwachsen flach ausgebreitet, in der Mitte leicht eingedrückt, bei Feuchtigkeit schmierig, verwachsen violett, purpur bläulich oder grünlich, in der Mitte oft verblassend. Die Huthaut läßt sich nur bis zum ersten Drittel des Hutes abziehen. Die Lamellen sind 5 bis 10 mm hoch, dünn, mittelmäßig dichtstehend, reinweiß, elastisch und nicht brüchig. Der Stiel ist zylindrisch, weiß, selten etwas bläulich, kahl. Das Fleisch ist hart, fest, elastisch, saftig, weiß, unveränderlich, schmeckt mild und riecht unauffällig. Der Pilz wächst von Juni bis Oktober in Laub- und Nadelwäldern. Er gehört zu den schmackhaftesten Täublingen. Er unterscheidet sich vom Zitronenblättrigen Täubling zuverlässig durch die elastischen Lamellen und die negative Reaktion des Fruchtfleisches auf Ammoniaklösung.

Grüner Speisetäubling
Der Hut hat einen Durchmesser von 60 bis 120 mm, ist in der Jugend halbkugelig, später gewölbt bis flach, in der Mitte mäßig eingedrückt, gelbgrün, olivgrün, in der Mitte manchmal schwarzbraun, verblassend. Die Lamellen sind dicht, bogenförmig, weiß, im Alter gelblich, rostig verfärbend. Der Stiel ist kurz, zylindrisch, unten verjüngt, weiß, rostig verfärbend. Das Fleisch ist weiß, unveränderlich, schmeckt vorzüglich und riecht unauffällig. Der Pilz wächst von Juli bis Oktober in Laubwäldern. Er ist ein ausgezeichneter Speisepilz, der von den grünen Formen des Zitronenblättrigen Täublings leicht durch den vorzüglichen Geschmack zu unterscheiden ist. Die Reaktion mit Ammoniaklösung ist negativ.

Frauentäubling

Grüner Speisetäubling

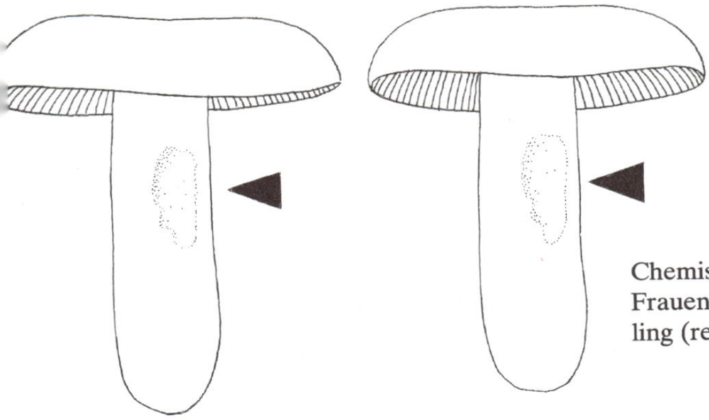

Chemische Reaktion auf Ammoniaklösung beim Frauentäubling (links) und beim Grünen Speisetäubling (rechts)

☠ Zedernholztäubling

Russula badia Quél.

Der Hut hat einen Durchmesser von 50 bis 120 mm, er ist in der Jugend halbkugelig, bald flach ausgebreitet bis flach vertieft, blutrot, rotbraun oder violettbraun, in der Mitte bis schwarz mit gelblichen Flecken, die Huthaut ist bis zu einem Drittel abziehbar. Die Lamellen sind dicht, bauchig, schmal, anfangs weiß, später hellgelb, an den Schneiden manchmal rosafarben. Der Stiel ist zylindrisch oder keulenförmig, weiß, rosa angehaucht. Das Fleisch ist weiß, verfärbt sich durch Altern und an Druckstellen rostfarben. Der Geruch erinnert an Zedernholz, der Geschmack ist anfangs mild, später scharf brennend. Der Pilz wächst von Juli bis November in Nadelwäldern, überwiegend unter Kiefern. Er gehört wegen seiner ausgesprochen hartnäckigen Schärfe, die bis zu einer halben Stunde nach der Kostprobe wirksam ist, zu den ungenießbaren, leicht giftigen Pilzen.

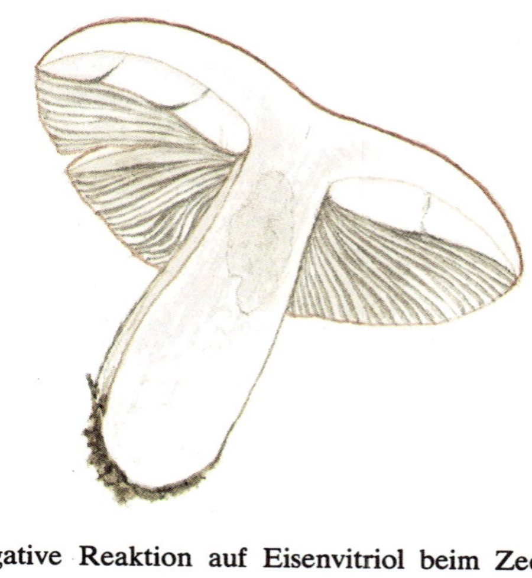

Negative Reaktion auf Eisenvitriol beim Zedernholztäubling

Täublinge – *Russulaceae*

Roter Heringstäubling

Russula xerampelina (Schaeff. ex Secr.) Fr.

Täublinge – *Russulaceae*

Speisetäubling, Fleischroter Täubling

Russula vesca Fr.

Roter Heringstäubling
Der Hut ist 40 bis 120 mm breit, in der Jugend halbkugelförmig, später gewölbt, flach bis eingedrückt, in der Färbung sehr variabel (weinrot, karmin, rosa, oliv bis braun), matt, jung bereift, mit bis zur Hälfte abziehbarer Huthaut. Die Lamellen sind dicht, in der Jugend weißlich, später sahnefarben, an Druckstellen braun verfärbend. Der Stiel ist zylindrisch, weißlich, oft stellenweise rötlich, an Druckstellen braun verfärbend. Das Fleisch ist sahnefarben, verfärbt sich an Schadstellen braun, schmeckt leicht süßlich und riecht besonders bei eintrocknenden Fruchtkörpern nach Fisch. Der Pilz wächst häufig von Juli bis Oktober in allen Waldtypen. Er ist ein sehr guter Speisepilz, der sich vom Zedernholztäubling durch den Fischgeruch und die grüne Reaktion des Fruchtfleisches mit Eisenvitriollösung unterscheidet.

Speisetäubling
Der Hut hat einen Durchmesser von 50 bis 80 mm, ist in der Jugend fast kugelförmig, später gewölbt, erwachsen flach ausgebreitet, in der Mitte leicht eingedrückt, trüb bis fleischrot, oft ausgebleicht, manchmal gelblich bis weißlich. Die Huthaut ist kahl und bei Trockenheit matt. Die Lamellen sind 7 bis 9 mm hoch, dicht, weiß, am Hutrand abgerundet, am Stiel am niedrigsten und ein wenig herablaufend, oft rostig gefleckt. Der Stiel ist zylindrisch, unten verjüngt bis spitz, leicht rostfarben und sehr hart. Das Fleisch ist weiß, hart, an Schadstellen rostfarben, schmeckt nach Haselnüssen und riecht unauffällig. Der Pilz wächst häufig im Sommer und im Herbst in lichten Laubwäldern. Er ist sehr schmackhaft und vom Zedernholztäubling sicher mit Hilfe eines Tropfens Eisenvitriollösung zu unterscheiden. Das Fleisch des Speisetäublings färbt sich orange, beim Zedernholztäubling verläuft die Reaktion negativ.

Roter Heringstäubling

Speisetäubling

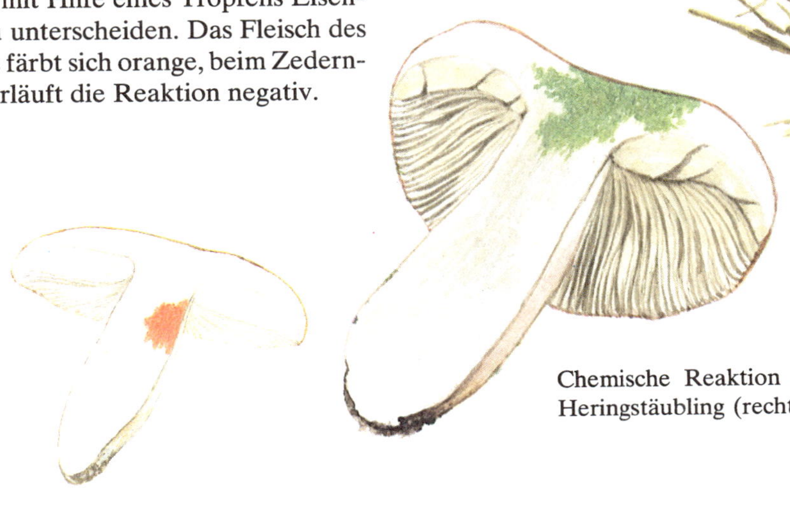

Chemische Reaktion auf Eisenvitriol beim Roten Heringstäubling (rechts) und Speisetäubling (links)

☠ Einfarbiger oder Trichterberingter Häubling

Galerina unicolor (Fr.) Sing.

Der Hut erreicht Größen von 5 bis 30 mm, ist in der Jugend halbkugelförmig, später kegel- oder glockenförmig mit hervortretendem Buckel, bei Trockenheit hellbraunocker, bei Feuchtigkeit rot- bis orangebraun, an der Peripherie kurz gerieft. Die Lamellen sind breit, bauchig, oft bis dreieckig, am Stiel angewachsen, in der Jugend blaßocker, später zimtbraun. Der Stiel ist röhrenförmig, schlank, fast kahl, zimtbraun, unten dunkler, im oberen Drittel mit einem recht beständigen Ring versehen. Der Ring ist dünn, abstehend, oft trichterartig angehoben, blaßokker. Das Fleisch ist im Hut dünn, hellrostbraun, schmeckt und riecht schwach mehlig. Der Pilz wächst von August bis Oktober in kleinen Büscheln auf den Stümpfen von Nadelbäumen und erinnert stark an den Nadelholzhäubling (siehe folgende Doppelseite), von dem er sich durch die geringeren Ausmaße, die breiteren Lamellen und den am Rand weniger durchscheinenden Hut unterscheidet. Er ist mit dem Nadelholzhäubling eng verwandt, enthält wahrscheinlich ähnliche giftige Substanzen und kann deshalb für den Menschen ebenso gefährlich sein wie dieser.

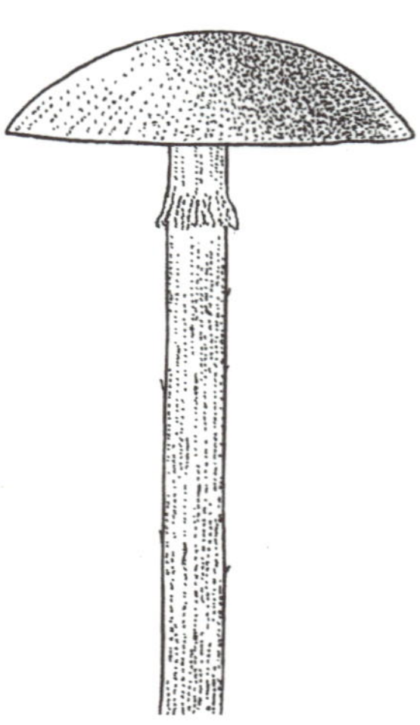

Der Einfarbige Häubling hat einen fast kahlen Stiel

Stockschwämmchen

Kuehneromyces mutabilis (Schaeff. ex Fr.) Sing et Smith

Das Stockschwämmchen (die ausführliche Beschreibung befindet sich auf der folgenden Doppelseite) ist ein kleiner Pilz, der den Pilzsammler vom Frühling bis zum Winter begleitet. Es wächst in umfangreichen Büscheln auf den Stümpfen und den abgestorbenen Wurzeln von Laubbäumen, am meisten auf Birke und Linde. Es gehört neben dem Echten Reizker zu den am angenehmsten riechenden Pilzen und findet in der Küche allseitige Verwendung. Es wird meistens Suppen beigegeben. Dabei empfiehlt es sich, die geschnittenen Hüte zuerst in Fett zu braten, damit die aromatischen Stoffe frei werden, und erst dann in der Suppe zu kochen. Beim Sammeln muß man immer das Substrat des Pilzes beachten, damit es nicht zu Verwechslungen mit den Häublingen kommt. Das Stockschwämmchen wächst meistens auf den Holzresten von Laubbäumen und weist einen schuppigen Stiel und einen sehr angenehmen obstartig pilzigen Geruch und Geschmack auf.

Das Stockschwämmchen hat einen schuppigen Stiel und riecht und schmeckt angenehm

☠ Nadelholzhäubling

Galerina marginata (Batsch. ex Fr.) Sing.

Der Hut ist 15 bis 50 mm breit, bald glockenförmig, später ausgebreitet, am Rand gerieft, bei Feuchtigkeit dunkel verfärbend, gelbbraun, bei Trockenheit hellockerbraun. Die Huthaut ist bei Feuchtigkeit mäßig schmierig. Die Lamellen sind am Stiel angewachsen, zimt- bis rostbraun, 4 bis 6 mm hoch. Der Stiel ist zylindrisch, 40 bis 100 mm lang, 5 bis 7 mm breit, röhrenartig, leicht gebogen, oben mit einem Ring versehen, faserig, ockerbraun, an der Basis bis dunkelbraun. Der Ring verschwindet manchmal und hinterläßt nur einen braunen Streifen. Das Fleisch ist dünn, bräunlich, schmeckt und riecht gurkenartig mehlig. Der Pilz wächst von Juni bis Oktober auf Baumstümpfen, Ästen, Holzspänen und der Rinde von Nadelgehölzen, einzeln oder in kleinen Büscheln, manchmal häufiger, aber meistens recht selten. Er enthält die gleichen giftigen Substanzen wie der Grüne Knollenblätterpilz und gehört deshalb zu den tödlich giftigen Arten. Verwechslungen können beim Sammeln der beliebten Stockschwämmchen auftreten, die meistens auf den Resten von Laubbäumen wachsen, aber auch auf Nadelgehölzen vorkommen können.

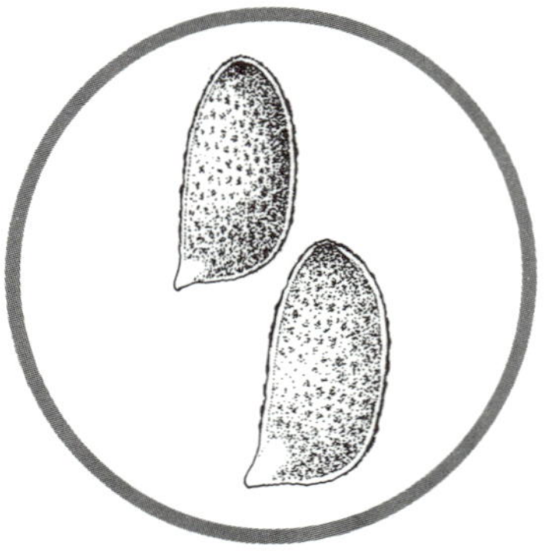

Sporen des Nadelholzhäublings, der auf Nadelbäumen wächst

Stockschwämmchen

Kuehneromyces mutabilis (Schaeff. ex Fr.) Sing. et Smith

Der Hut hat einen Durchmesser von 20 bis 70 mm, ist anfangs glockenförmig, später niedrig gewölbt und schließlich ausladend, mit einem niedrigen Buckel, glatt, kahl, sehr hygrophan (bei Feuchtigkeit rostig dunkelbraun, schlüpfrig, bei Trockenheit heller bis hellhonigbraun). Der Pilz nimmt leicht Wasser auf, und bei Regen findet man Fruchtkörper mit zweifarbiger Hutoberfläche – die gelbliche Mitte hat einen dunkleren Rand. Durch Austrocknen verblaßt der Hut, was immer vom Scheitel zum Rand hin geschieht. Die Lamellen sind im Jugendstadium mit einer Hüllhaut bedeckt, die sich beim erwachsenen Pilz in einen Ring verwandelt. Sie sind anfangs hellocker, später zimt- bis rostbraun, mit einem Zähnchen am Stiel angewachsen. Der Stiel ist zylindrisch, leicht gebogen, 40 bis 100 mm lang, röhrenartig, wurzelnd und mit den benachbarten Exemplaren verwachsend, oben blaß, fein gerieft, unter dem Ring kleinschuppig, braun, unten bis schwarzbraun. Das Fleisch ist weißlich, ein wenig bräunlich, riecht sehr angenehm obstartig pilzig und schmeckt pilzig. Das Stockschwämmchen wächst vom zeitigen Frühjahr an bis in den Winter, meistens auf den Resten von Laubgehölzen (Birke, Weide, Linde u. a.). Nach Regen erscheinen auf den Baumstümpfen oft umfangreiche Büschel. Der Pilzsammler sollte sich immer überzeugen, ob der Pilz auf Laubgehölzen wächst, um ihn nicht mit dem Nadelholzhäubling zu verwechseln. Ein weiteres, jedoch weniger zuverlässiges Merkmal ist der Geruch der Stockschwämmchen und der schuppige Stiel.

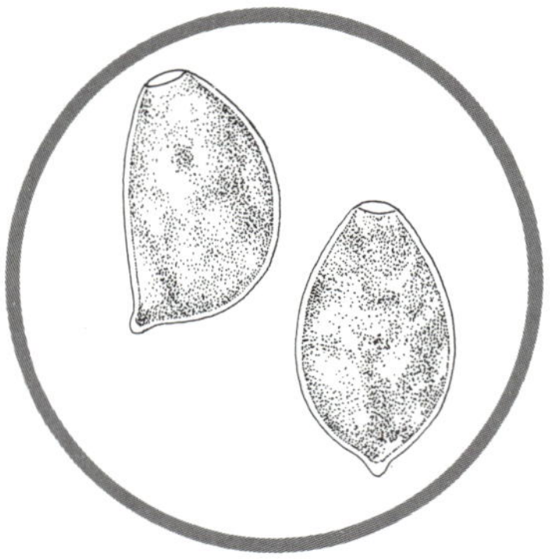

Sporen des Stockschwämmchens, das meistens auf den Resten von Laubbäumen wächst

☠ Widerlicher oder Strohblasser Ritterling

Tricholoma album (Schaeff. ex Fr.) Kumm.

Der Hut ist 40 bis 120 mm breit, in der Jugend fast halbkugelig, bald ausladend gewölbt, oft mit abgerundetem Buckel, am Rand lange eingerollt, weiß oder schwach ockergelblich oder fleischfarben angehaucht mit bräunlicher Mitte. Die Huthaut ist glatt, bald trocken und glänzend; bei Trockenheit überwiegen auf ihr helle, weißliche Töne. Die Lamellen sind dicht, dick, am Stiel ausgeschnitten, mit einem Zähnchen herablaufend, fest, im Alter cremegelblich. Der Stiel ist weißlich, oben feinkörnig, zylindrisch, unten gewöhnlich gebogen. Das Fruchtfleisch ist weiß, unveränderlich und schmeckt bitter brennend. Der unangenehme Geruch nach Wanzen verändert sich im Alter meistens zu einem widerlichen Leuchtgasgestank. Der Pilz wächst von August bis Oktober in Laubwäldern, vor allem unter Birken und Buchen von den Niederungen bis in die Vorgebirge. Er tritt zum Beispiel auf locker bewaldeten Halden mit einem größeren Vorkommen von Birken massenweise auf, ist aber in den anderen Mischwäldern verhältnismäßig selten. Dieser schwach giftige Pilz ruft Durchfall und Erbrechen hervor.

Der Widerliche Ritterling schmeckt brennend und riecht widerlich

Weißseidiger Ritterling

Tricholoma columbetta (Fr.) Kumm.

Der Hut hat einen Durchmesser von 50 bis 120 mm, ist in der Jugend gewölbt mit eingerolltem Rand, später ausgebreitet mit durchgebogenem Rand, weiß, seidig glänzend mit karminroten Tupfen. Die Lamellen sind anfangs weiß, im Alter cremegelblich, recht hoch, die Schneide ist nicht gerade. Der Stiel ist weiß, faserig, dick, nicht gerade, im unteren Abschnitt manchmal leicht bläulich und an der Basis meist mit Substrat behaftet. Das Fleisch ist weiß, saftig, unveränderlich, duftet sehr angenehm und schmeckt mit leichtem mehligem Beigeschmack delikat pilzartig. Der Pilz wächst von den Niederungen bis in die Vorgebirge und ist von August bis Oktober in hellen Mischwäldern, vor allem unter Birken zu finden. Er tritt in einigen Gebieten unter Birken massenhaft, anderenorts wiederum selten auf. Dieser sehr schmackhafte Speisepilz eignet sich dank seines festen Fleisches für verschiedene Zubereitungsarten, zum Beispiel für Salate, feine Cremesuppen oder als Teigfüllung. Beim Sammeln sollte man den Fruchtkörper lieber immer kosten, um eine Verwechslung mit dem Widerlichen Ritterling zu vermeiden, der ebenfalls unter Birken wächst. Abstoßender Geruch und unangenehm brennender Geschmack verraten den Widerlichen Ritterling.

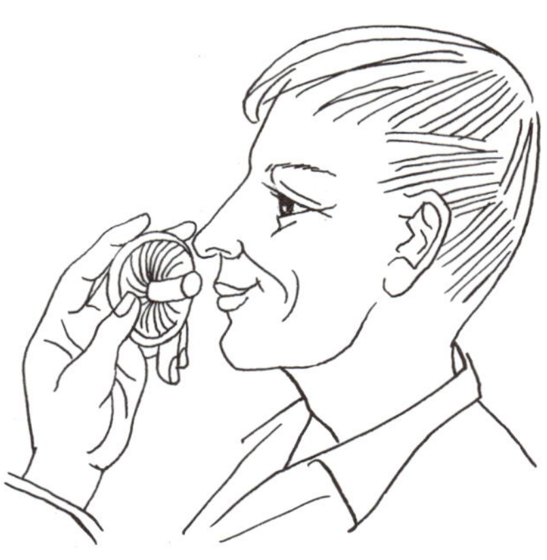

Der Weißseidige Ritterling ist schmackhaft und riecht gut

☠ Weißbrauner Ritterling

Tricholoma albobrunneum (Pers. ex Fr.) Kumm.

Der Hut hat einen Durchmesser von 40 bis 90 mm, ist anfangs halbkugelförmig mit eingerolltem Rand, später breit gewölbt, wellig bis durchgebogen. Die Huthaut ist fein verwachsen faserig, bei Feuchtigkeit schmierig, bei Trokkenheit glänzend, rotbraun, am Rand manchmal gerieft und in der Mitte feinkörnig. Die Lamellen sind abgerundet, mit einem Zähnchen am Stiel befestigt, weiß, durch Druck und Alter braun verfärbend, im mittleren Alter manchmal mit rostigen Flecken. Der Stiel ist zylindrisch, oben weiß, feinschuppig und durch einen angedeuteten Ring vom bräunlichen unteren Abschnitt getrennt; die Grenze dieses farbigen Übergangs auf dem Stiel ist oft recht scharf und für den Weißbraunen Ritterling sehr typisch. Das Fleisch ist weiß, unveränderlich, fleischig, schmeckt anfangs angenehm mehlig, nach einer Weile bitter und riecht gurkenartig mehlig. Der Pilz wächst verstreut von August bis Oktober in Nadelwäldern, vor allem in den Kiefernbeständen der Vorgebirge. Dieser schwach giftige Pilz verursacht Magenbeschwerden und Durchfälle. Da sich die braunen Ritterlinge schwer bestimmen lassen, sollte man ihnen beim Sammeln in Nadelwäldern lieber ausweichen. Der Pappelritterling, der dem Weißbraunen Ritterling am ähnlichsten ist, wird nur unter Pappeln, nicht unter Nadelbäumen gesammelt.

Der Weißbraune Ritterling weist im oberen Stielabschnitt einen deutlichen hellen Ringstreifen auf

Pappelritterling

Tricholoma populinum J. Lange

Die ausführliche Beschreibung befindet sich auf Seite 129. Der Pappelritterling wächst von August bis Oktober von den Niederungen bis in die Vorgebirge unter Pappeln in Wäldern, Hainen, Gärten und Alleen. Er tritt viele Jahre lang an den Standorten auf und kommt stellenweise massenhaft vor. Er ist sehr schmackhaft und eignet sich dank seiner Konsistenz besonders für das Einlegen in saure Aufgüsse oder für Suppen, Soßen u.ä. Der giftige Weißbraune Ritterling unterscheidet sich von ihm durch den Übergang am Stiel und den Standort.

Pappelritterling

Gelbblättriger Ritterling, Birkenritterling

Tricholoma fulvum (Bull. ex Fr.) Sacc.

Der Hut hat einen Durchmesser von 50 bis 120 mm, er ist in der Jugend breit kegelförmig mit eingerolltem Rand, später ausgebreitet gewölbt mit niedrigem, abgerundetem Buckel, in der Mitte fleischig, am Rand recht dünn und bei Feuchtigkeit schmierig. Er ist braunrostig, heller oder dunkler braun, in der Mitte dunkler, zum Rand hin heller, mehr gelblich rostfarben, angedrückt feinflockig-faserig bis fast kahl und im Alter am Rand strahlig gerunzelt. Die Lamellen sind recht dicht, am Stiel ausgeschnitten, mit einem kleinen Zähnchen herablaufend, anfangs blaßgelblich, später gelb, im Alter rostfarben und auf den Schneiden rostig gefleckt. Der Stiel ist zylindrisch, bis 20 mm breit, in der Jugend voll, erwachsen hohl, gelblich, mit bräunlichen Längsfasern, an der Basis dunkelbraun, klebrig. Das Fruchtfleisch ist im Hut in der Regel weißlich, im Stiel gelb und in der Stielbasis rostig bräunlich. Die Gelbfärbung ist manchmal gesättigt, manchmal blaß und unauffällig, am intensivsten ist sie an der Oberfläche des Stiels. Das Fleisch riecht mehlig mit einer Beimischung von Rettichgeruch und schmeckt angenehm, nicht besonders markant mehlig bis gurkenartig mehlig. Der Pilz wächst von August bis Oktober in allen Wäldern, besonders häufig unter Birken, meistens in Haufen im Gras auf Lichtungen, an Waldwegen, an Waldrändern und auch außerhalb des Waldes. Die Ansichten über die Genießbarkeit dieses Pilzes gehen auseinander. In jedem Falle hat der Gelbblättrige Ritterling zahlreiche schwache Vergiftungen, die von Druchfall und Erbrechen begleitet waren, verursacht.

Schnitt durch den Gelbblättrigen Ritterling

Pappelritterling

Tricholoma populinum J. Lange

Rötlicher Holzritterling

Tricholomopsis rutilans (Schaeff. ex Fr.) Sing.

Pappelritterling
Die ausführliche Beschreibung befindet sich auf Seite 129. Dieser eßbare, schmackhafte Pilz ist in der Küche vielseitig verwendbar. Er unterscheidet sich vom Gelbblättrigen Ritterling dadurch, daß sein Fruchtfleisch unter der Oberhaut des Stiels nicht gelb gefärbt ist.

Rötlicher Holzritterling
Die ausführliche Beschreibung befindet sich auf Seite 119. Der Rötliche Holzritterling wächst häufig einzeln und in Büscheln im Sommer und im Herbst auf alten Baumstümpfen und verborgenen, abgestorbenen Wurzeln von Nadelbäumen. Die jungen Fruchtkörper sind eßbar und schmackhaft. Der Rötliche Holzritterling unterscheidet sich vom Gelbblättrigen Ritterling zuverlässig durch den purpurfarbenen Filz auf dem jungen Hut und die goldene Färbung von Lamellen und Fleisch. Auch die Standorte sind verschieden. Der Gelbblättrige Ritterling bevorzugt Birken, der Rötliche Holzritterling kommt meistens unter Kiefern vor.

Pappelritterling

Schnitt durch den Pappelritterling

Rötlicher Holzritterling

Schnitt durch den Rötlichen Holzritterling

☠ Bleiweißer Firnistrichterling

Clitocybe cerussata (Fr.) Kumm.

Der 50 bis 90 mm breite Hut ist in der Jugend mäßig gewölbt und trägt einen stumpfen Buckel, später ist er flach ausgebreitet bis trichterförmig, glatt, sattweiß, weiß bereift, im Alter schmutzigweiß bis gelblichocker, die Oberhaut ist in zentrischen Ringen aufgeplatzt. Er ist im Jugendstadium leicht eingerollt, im Alter lappig durchgebogen und scharfrandig. Die Lamellen sind 3 bis 5 mm hoch, dicht, dünn, an beiden Enden verjüngt, schwach am Stiel herablaufend, jung weiß, später schmutzig weiß bis hellcremefarben. Der Stiel ist zylindrisch, unten ein wenig verdickt und weißfilzig, 20 bis 50 mm hoch, 3 bis 10 mm breit, weiß, glatt, kahl und elastisch, in der Jugend voll, erwachsen wattig gefüllt. Das Fleisch ist weiß, verändert im Schnitt die Farbe nicht, ist jung elastisch, erwachsen weich, schmeckt mild und riecht nach Krautstrünken. Der Pilz wächst im Herbst und am Winteranfang an feuchten Stellen von Nadel- und Mischwäldern. Er tritt in großer Zahl, in Streifen oder sog. Hexenringen auf. Er ist in der gesamten gemäßigten Zone der nördlichen Halbkugel verbreitet. Der Bleiweiße Firnistrichterling gehört wegen seines hohen Muskaringehalts zu den giftigen Pilzen. Zu Verwechslungen kommt es beim Sammeln von Mehlpilzen oder Schwindlingen. Die ersten Beschwerden nach dem Verzehr einer größeren Menge von Firnistrichterlingen treten nach ungefähr 30 Minuten auf. Der Betroffene empfindet Unwohlsein und Angst, beginnt intensiv zu schwitzen und sich gleichzeitig vor Kälte zu schütteln. Die Speichelabsonderung verstärkt sich und es folgen krampfhafte Bauchschmerzen. Der Kranke leidet an auffallender Muskelschwäche, Sehstörungen und starkem Flüssigkeitsverlust. Diese Vergiftung erfordert ärztliche Hilfe.

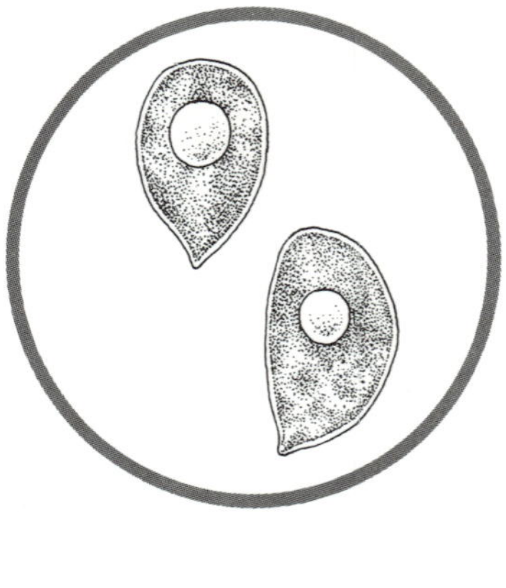

Der Bleiweiße Firnistrichterling hat elliptische, glatte, farblose Sporen

Mehlpilz, Mehlräsling, Pflaumenpilz

Clitopilus prunulus (Scop. ex Fr.) Kumm.

Der Hut mißt im Durchmesser 30 bis 100 mm, ist anfangs halbkugelig, später gewölbt bis mäßig vertieft, ein wenig gewellt, mit lange eingerolltem, fein bereiftem Rand, weiß oder leicht gräulich, glatt, matt und trocken. Die Lamellen sind dicht, niedrig, lang herablaufend, in der Jugend weißlich, erwachsen fleischrosa. Der Stiel ist kurz, zylindrisch, manchmal exzentrisch, voll, weiß und zäh. Das Fruchtfleisch ist weiß, unveränderlich, schmeckt mehlig gurkig und riecht intensiv mehlig. Der Pilz wächst von Juni bis Oktober in allen Waldarten, an deren Rändern, auf Waldwiesen und überall dort, wo echte Steinpilze vorkommen. Er gehört zu den guten Speisepilzen. Er ist vom Firnistrichterling an den lang herablaufenden Lamellen, die beim erwachsenen Fruchtkörper fleischrosa sind, und an den markant gerippten Sporen zu unterscheiden.

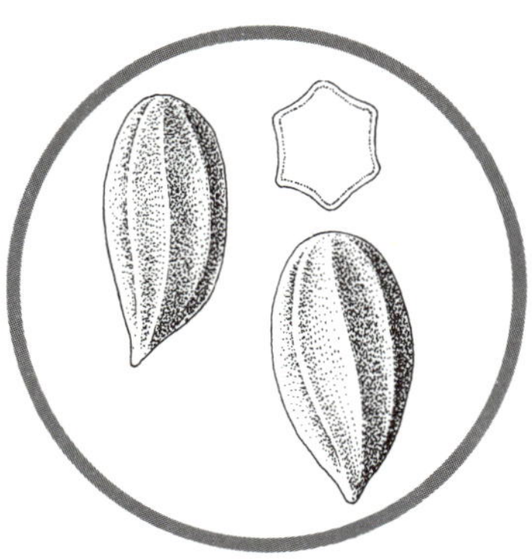

Der Mehlpilz hat spindelförmige, rosafarbene Sporen mit sechs Längsrippen

Wurzelnder Bitterröhrling, Bitterschwamm

Boletus albidus Roques

Der Hut hat einen Durchmesser von 50 bis 200 mm, ist in der Jugend halbkugelig, später gewölbt, polsterförmig bis flach ausgebreitet, am Rand lange eingerollt, gräulich, weißlich oder grauocker, fein bereift, seidig glänzend, oft mit Grübchen versehen; Druckstellen verfärben sich graublau. Die Röhren sind 15 bis 30 mm, lang, in der Jugend blaßgelb, später zitronengelb, im Alter ockergelb, im Schnitt blau verfärbend. Sie sind am Stiel ausgeschnitten. Die Mündungen der Röhren sind klein, anfangs zitronengelb, später ocker, erwachsen ockerbräunlich, an Druckstellen blau verfärbend. Der Stiel ist in der Jugend faßförmig, erwachsen keulenförmig bis zylindrisch, mit wurzelnder Basis, oben hellgelb, mit einem Netz, an den übrigen Stellen hellocker, manchmal mit roten Flecken. Das Fleisch ist gelblich, nur mäßig blau verfärbend, dicht, riecht unangenehm nach Karbolineum und schmeckt bitter. Der Pilz wächst verhältnismäßig selten von Juli bis Oktober in wärmeren Lagen in Laubwäldern, Hainen und auf den Dämmen von Teichen unter Eichen. Er ist mäßig giftig und ruft bei empfindlicheren Personen Magenbeschwerden hervor. Vor einer kulinarischen Verwertung warnt glücklicherweise sein unangenehmer, bitterer Geschmack, der auch nach der Behandlung mit Wärme nicht verschwindet.

Das Fleisch des Wurzelnden Bitterröhrlings verfärbt sich an der Schnittfläche des Fruchtkörpers schwach blau und riecht stark nach Karbolineum

Gelbfleischiger Steinpilz

Boletus appendiculatus Schaeff. ex Fr.

Der Hut ist 70 bis 200 mm breit, in der Jugend halbkugelförmig, mit eingerolltem Rand, später gewölbt, im Alter polsterförmig und scharfrandig, fein verwachsen faserig, in der Jugend gelbbraun, später dunkler bis rotbraun, an Druckstellen rostig braun verfärbend. Die Röhren sind in der Jugend blaßgelb, später zitronen- bis goldgelb, im Alter olivgrüngelb. Die Röhrenmündungen sind beim Jungpilz rundlich, goldgelb, erwachsen goldbraun und verfärben sich an Druckstellen schwach bläulichgrün. Der Stiel ist in der Jugend rübenartig verdickt, später zylindrisch mit kegelförmig verlängerter Basis, goldgelb, unten ockerbräunlich, in der oberen Hälfte mit einem zarten, gelben Netz verziert, das im Alter verschwindet. Das Fleisch ist gelb, an der Stielbasis ein wenig bräunlich, seltener auch rötlich schattiert, im Schnitt über den Röhren schwach blau verfärbend, recht fest, später erweichend, schmeckt delikat pilzartig süßlich, riecht mild und unauffällig. Der Pilz wächst von Juli bis September in warmen Laubwäldern, vor allem unter Eichen und Buchen. Er gehört zu den vorzüglichen Speisepilzen. Im Unterschied zum Wurzelnden Bitterröhrling hat der Gelbfleischige Steinpilz (Gelber Bronzeröhrling oder Anhängselröhrling) keinen gräulichen Hut und ist auch nicht bitter.

Das Fleisch des Gelbfleischigen Steinpilzes ist gelb (nur über den Röhren zeigt sich eine sehr schwache Blaufärbung) und riecht und schmeckt angenehm

☠ Seifenritterling

Tricholoma saponaceum (Fr.) Kumm.

Der Hut ist 50 bis 100 mm breit, in der Jugend halbkugelförmig oder glockig mit Buckel in der Mitte, später flach, unregelmäßig durchgebogen, weißlich, gräulich, grünlich, olivtönig oder rötlich bis rotbraun, glatt, kahl und glänzend, bei Feuchtigkeit klebrig, bei Trockenheit felderig aufgeplatzt. Die Lamellen stehen entfernt, sie sind ausgeschnitten und über ein Zähnchen mit dem Stiel verbunden, dick und weißlich (auch mit grünlichen Schattierungen); ältere Lamellen sind graugelblich, stellenweise rot verfärbend, wellig, an der Schneide gezähnt. Der Stiel ist veränderlich, zylindrisch, gerade oder gekrümmt, uneben, gebläht, unten wurzelnd, glatt und feinfaserig; er ist rotbraun geschuppt oder dunkel bestäubt, weiß, im Alter grau, rostig bis rot verfärbend. Das Fleisch ist weiß, verfärbt sich an Schnitt- oder Schadstellen allmählich rosa und in der Stielbasis rot, schmeckt abstoßend, erinnert an Gerberlauge und riecht seifenartig. Der Pilz wächst sehr häufig von Juli bis November in allen Wäldern. Er tritt in Nadelwäldern von den Niederungen bis in die Berge in ganzen Haufen auf. Er gehört zu den mäßig giftigen Pilzen, denn er verursacht Verdauungsstörungen, die von Erbrechen und Durchfällen begleitet werden. Es wurden auch Anzeichen beobachtet, die auf Muskarinwirkung hinweisen. Der Seifenritterling wird von Pilzsuchern manchmal mit dem Pappelritterling, dem Grünling oder dem Rußkopf verwechselt.

Schnitt durch den Fruchtkörper des Seifenritterlings

Ritterpilze – *Tricholomataceae*

Pappelritterling

Tricholoma populinum J. Lange

Ritterpilze – *Tricholomataceae*

Grünling, Olivgrüner Ritterling

Tricholoma flavovirens (Pers. ex Fr.) Lund.

Ritterpilze – *Tricholomataceae*

Rußkopf, Schneepilz, Grauer Ritterling

Tricholoma portentosum (Fr.) Quél.

Pappelritterling
Die ausführliche Beschreibung befindet sich auf Seite 129.

Grünling
Die ausführliche Beschreibung befindet sich auf Seite 109.

Rußkopf
Die ausführliche Beschreibung befindet sich auf Seite 105.

Alle drei eßbaren Ritterlinge sind schmackhafte, in der Küche allseitig verwendbare Pilze. Sie haben einen angenehmen mehligen Geruch (im Unterschied zum Seifengeruch des Seifenritterlings) und verfärben sich an Schadstellen nicht rosa oder rot. Grünling und Rußkopf schmekken nußartig. Der Grünling unterscheidet sich darüber hinaus vom Seifenritterling durch die lebhaft schwefelgelben Lamellen.

Pappelritterling

Grünling

Schnitt durch den Grünling

Schnitt durch den Rußkopf

Rußkopf

☠ Porphyrbrauner Wulstling

Amanita porphyria (Alb. et Schw. ex Fr.) Secr.

Der Hut hat einen Durchmesser von 40 bis 80 mm, ist in der Jugend halbkugelig, bald glockenförmig, später gewölbt bis flach, grauviolett bis braungrau, am Rand nicht gerieft, dünnfleischig und meistens kahl; bei Trockenheit hat er einige große, helle, grauviolette Schorfstücke, die Reste der Hülle, und die Huthaut ist glänzend und trocken. Die Lamellen sind am Stiel frei, sie sind dichtstehend, weiß, im Alter manchmal gelblich. Der Stiel ist leicht ausbrechbar, zylindrisch, schlank, weißlich mit grauvioletten Tönen, in der Jugend wattig gestopft, im Alter röhrenartig hohl, mit einer großen, weichen, im oberen Teil scharf beschnittenen grauvioletten Knolle. Manchmal findet man um diese Knolle auch eine angewachsene grauviolette Scheide mit niedrigem, wie abgeschnittenem Rand. In der Jugend werden die Lamellen von einem häutigen, weißen bis grauvioletten Schleier bedeckt, der im Alter zu einem schlaffen, gerieften, an den Stiel gedrückten grauvioletten Ring wird. Das Fleisch ist weiß, fest, unter der Huthaut graulich, unveränderlich, es schmeckt nach Kartoffeln oder mild nach Rettich und erinnert im Geruch an rohe Kartoffeln. Der Pilz wächst von Juli bis Oktober in Nadelwäldern auf sauren Böden, selten auch unter Eichen. Er kommt am meisten in den Vorgebirgslagen vor. Wegen seines Gehalts an Bufotenin und Indolsubstanzen wird er als mäßig giftig angesehen. Beim Sammeln kann es zu Verwechslungen mit einigen Scheidenstreiflingen kommen.

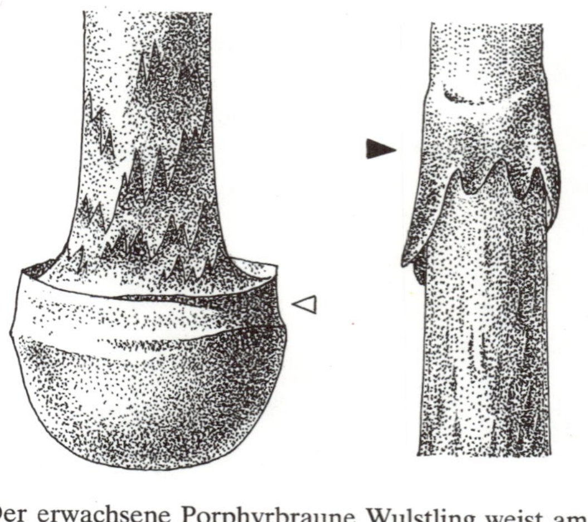

Der erwachsene Porphyrbraune Wulstling weist am Stiel einen Ring auf; an der Stielbasis eine scharf beschnittene Knolle

Mehlpilz, Mehlräsling, Pflaumenpilz

Clitopilus prunulus (Scop. ex Fr.) Kumm.

Die ausführliche Beschreibung befindet sich auf Seite 153. Der Mehlpilz wächst von Juni bis Oktober in allen Waldtypen, am Waldrand und auf Waldwiesen; er gehört zu den guten Speisepilzen, er kann beim Sammeln aber mit einigen hellen Trichterlingen verwechselt werden. Mehlpilz und helle Trichterlinge können ähnlich gefärbte Lamellen aufweisen und ähnlich riechen. Nur ein guter Pilzkenner erkennt den Mehlpilz am gurkenartig mehligen Geschmack. Er unterscheidet sich vom Blättertrichterling zuverlässig an den Sporen: Die Sporen des Blättertrichterlings sind glatt, eiförmig und farblos, die des Mehlpilzes sind rosa, spindelförmig und deutlich mit Längsrippen versehen.

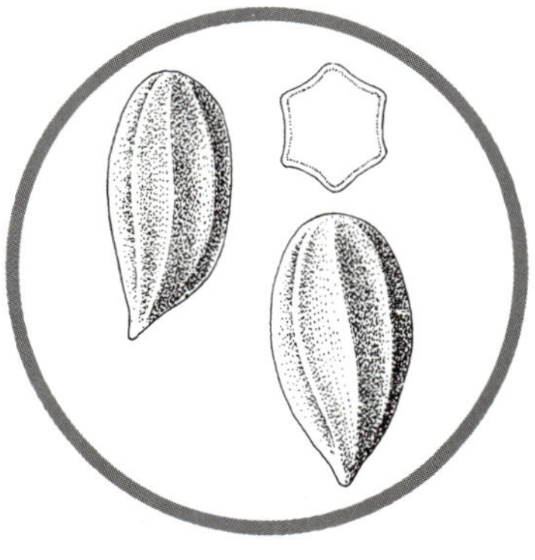

Der Mehlpilz hat rosafarbene, spindelförmige Sporen mit Längsrippen

Schuppiger Scheidenstreifling

Amanita inaurata Secr.

Der Hut hat einen Durchmesser von 100 bis 150 mm, ist umbrabräunlich, in der Jugend eiförmig und von einer gräulichen bis weißlichen Hülle umschlossen, später ist er abgerundet gewölbt. Die Reste der Hülle bilden auf der Huthaut graubraune schorfige Flecken und unterscheiden so den Schuppigen Scheidenstreifling von ähnlichen Arten. Die Lamellen sind dicht, hoch, weiß und am Stiel frei. Der Stiel ist bis 180 mm hoch, weißlich, auffallend schuppig aufgeplatzt, ausbrechbar, nach unten hin allmählich erweitert, unten mit einer zipfligen, außen blassen, innen umbrafarbenen Scheide umhüllt. Das Fleisch ist weißlich, wässerig, sehr spröde, unveränderlich, schmeckt süßlich und riecht nicht besonders. Der Pilz wächst selten von Juni bis Oktober in Nadelwäldern. Er ist eßbar, aber nicht besonders schmackhaft. Vom Porphyrbraunen Wulstling unterscheidet er sich dadurch, daß er keinen Ring aufweist und der untere Teil des Stiels meistens mit einer hohen, freien, zipfligen Scheide umhüllt ist.

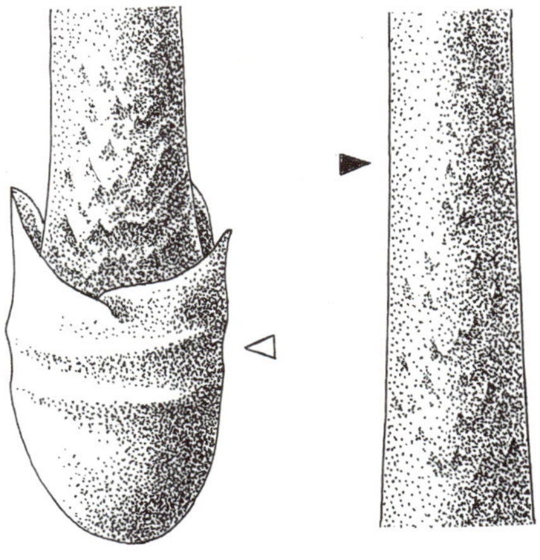

Der Schuppige Scheidenstreifling hat keinen Ring, jedoch einen knollenförmig erweiterten Stiel, der unten von einer hohen, freien Scheide umschlossen wird

☠ Spitzhütiger oder Kegeliger Knollenblätterpilz

Amanita virosa (Fr.) Bertillon

Der Hut ist 40 bis 100 mm breit, lange kegelförmig, im Alter gewölbt bis flach; die Huthaut ist beim Jungpilz schlüpfrig, bald trocken, glatt, seidig glänzend, weiß, manchmal in der Hutmitte gelblich bis leicht bräunlich. Die Lamellen sind in der Jugend mit einem weißen häutigen Schleier bedeckt, der sich im Alter in einen weißen, glatten, schlaffen Ring verwandelt. Die Lamellen sind dicht, dauerhaft reinweiß, frei, an der Scheide feinfransig. Der Stiel ist grobschuppig, gerade, oben am dünnsten, nach unten verbreitert; er schließt mit einer mächtigen, weichen, kugelförmigen Knolle ab und wächst aus einer hohen, freien, auffällig zipfeligen weißen Scheide hervor. Das Fleisch ist dauerhaft reinweiß, im Hut dünn, unveränderlich, schmackhaft. Der süßliche Duft des Fleisches erinnert im Alter an den Geruch roher Kartoffeln. Der Pilz wächst vereinzelt von Juli bis Oktober in Nadelwäldern, in den Niederungen eher unter Kiefern, in höheren Lagen unter Fichten. Er kommt stellenweise überhaupt nicht vor. Dieser Pilz ist tödlich giftig, er verursacht wie der Grüne Knollenblätterpilz Vergiftungen mit Leberschädigungen.

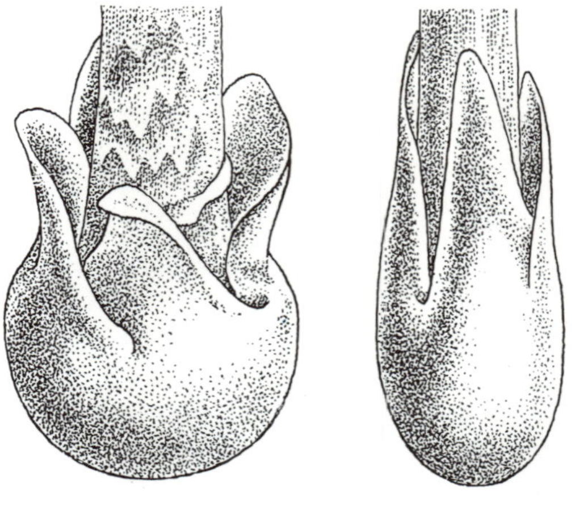

Der Spitzhütige Knollenblätterpilz und der Weiße Scheidenstreifling haben eine weiße Scheide; beim Spitzhütigen Knollenblätterpilz (links) ist der Stiel geschuppt

Knollenblätterpilze – *Amanitaceae*

Weißer Scheidenstreifling

Amanita alba Gill

Edelpilze – *Agaricaceae*

Schneeweißer Egerling

Agaricus chionodermus Pilát

Weißer Scheidenstreifling
Der Fruchtkörper ist in allen Teilen weiß. Im Unterschied zum Spitzhütigen Knollenblätterpilz haben erwachsene Exemplare keinen Ring. Der Hut ist 40 bis 100 mm breit, nach dem Aufreißen der weißen Hülle glockenförmig, schließlich breit, flach ausladend, weiß, am Rand kurz gerieft, bei Trockenheit glänzend. Die Lamellen sind bogenförmig, dicht und weiß. Der Stiel ist zylindrisch, beim erwachsenen Fruchtkörper hohl, weiß und wächst aus einer weißen häutigen Scheide hervor. Das Fruchtfleisch ist weiß und saftig, es schmeckt und riecht angenehm nach Pilzen. Der Pilz wächst von Juni bis Oktober in grasbewachsenen Wäldern, vor allem unter Birken. Er ist eßbar.

Schneeweißer Egerling
Dieser verhältnismäßig seltene Egerling erinnert an den Weißen Anischampignon, ist aber schon von Jugend an reinweiß ohne jeden gelblichen Ton. Sein Hut ist mit unauffälligen, zarten, anhaftenden, recht großen weißen Schuppen bedeckt, die sich im Alter beim Austrocknen des Huts fast ganz verlieren. Die Lamellen sind anfangs weiß, verfärben sich bald aber lebhaft rosa. Das Fleisch verfärbt sich fast nicht gelb, das geschieht nur im unteren Abschnitt des Stiels und auch erst nach langer Zeit. Der Pilz riecht niemals nach Anis, sondern eher angenehm nach Pilzen. Er wächst von Mai bis zum Herbst in den Laubholzhainen von Schwemmlandauen oder in Fichtengehölzen auf kalkiger Unterlage. Er unterscheidet sich vom Spitzhütigen Knollenblätterpilz durch die rosafarbenen Lamellen und das Fehlen der Scheide.

Weißer Scheidenstreifling

Schneeweißer Egerling

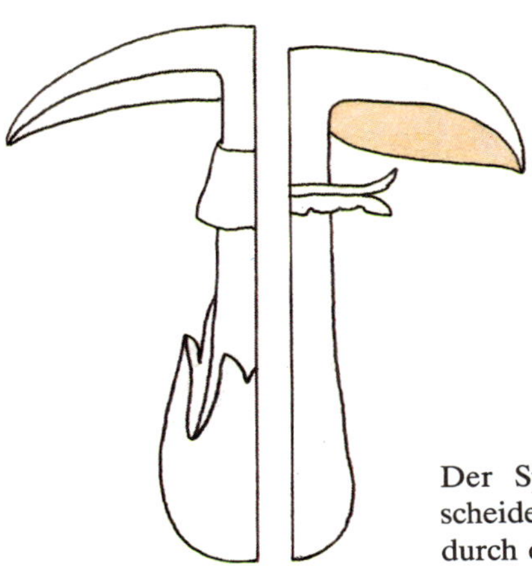

Der Spitzhütige Knollenblätterpilz (links) unterscheidet sich vom Schneeweißen Egerling (rechts) durch die Farbe der Lamellen und die Scheide

☠ Breitblättriger Rübling, Breitblatt

Megacollybia platyphylla (Pers. ex Fr.) Kotl. et Pouz.

Der Hut ist 50 bis 200 mm breit, in der Jugend halbkugelig, später gewölbt bis flach, ausgewachsen auch ein wenig eingedrückt, grau, oder graubraun, glatt, strahlig verwachsen faserig, im Alter radial aufgeplatzt. Die Lamellen sind weiß, entferntstehend, bauchig, bis 30 mm hoch, im Alter gelblich braun, am Stiel ausgebuchtet angewachsen bis fast frei. Der Stiel ist zylindrisch, längsgerieft, anfangs wattig gestopft, später hohl, unten gewöhnlich keulenförmig verdickt, weißlich, später blaß bis gelbbräunlich, bereift, kahl werdend. Von seiner Basis aus wachsen lange, verzweigte weiße Myzelstränge, die in das verrottete Substrat vordringen. Das Fleisch ist weiß, wässerig pilzig, von zäher Konsistenz, im Stiel faserig. Geschmack und Geruch sind nicht besonders ausgeprägt. Der Pilz wächst von Juni bis Oktober auf verwitternden Stämmen und Stümpfen von Nadel- und Laubbäumen oder daneben auf dem Boden aus den in der Erde verborgenen Wurzeln. Er ist vor allem in den Vorgebirgslagen der gesamten gemäßigten Zone der nördlichen Halbkugel verbreitet. Nach dem Genuß dieses Pilzes können Verdauungsbeschwerden auftreten.

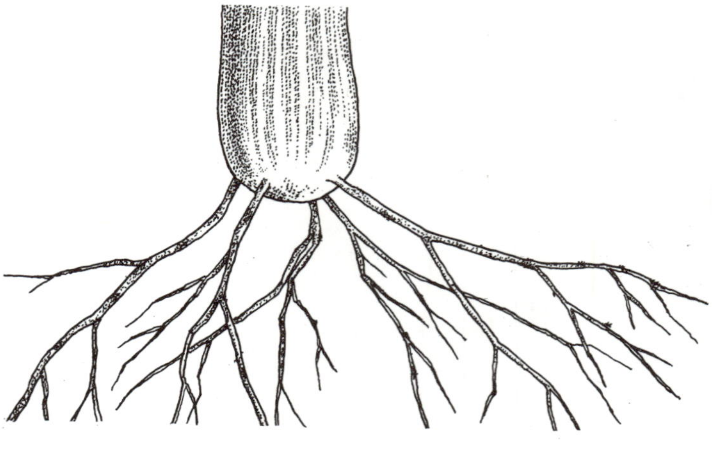

Aus dem Stiel des Breitblättrigen Rüblings wachsen lange Myzelstränge hervor

Ritterpilze – *Tricholomataceae*

Wurzelrübling, Wurzelschleimrübling

Oudemansiella radicata (Relh. ex Fr.) Sing.

Dachpilze – *Pluteaceae*

Rehbrauner Dachpilz

Pluteus cervinus (Schaeff. ex Fr.) Kumm.

Wurzelrübling
Der Hut hat einen Durchmesser von 40 bis 80 mm, ist gelbbraun oder graubraun bis braun, auffallend schlüpfrig und glänzend, vor allem bei Feuchtigkeit stark klebrig, markant strahlig gerunzelt, in der Jugend glockenförmig, bald gewölbt bis flach, mit stumpfem Buckel in der Mitte, dünnfleischig, mit vollkommen abziehbarer Oberhaut. Die Lamellen stehen sehr entfernt, sie sind recht hoch, bauchig, abgelöst, weißlich. Der Stiel ist zylindrisch, schlank, zäh, kahl, längsgerieft, weißlich, unten bräunlich und verdickt, sehr tief im Substrat wurzelnd. Das Fleisch ist weiß, unveränderlich, ohne besonderen Geschmack und Geruch. Der Pilz wächst von Juni bis Oktober in Laubwäldern. Er ist sehr schmackhaft, gesammelt werden aber nur die Hüte. Dieser Pilz unterscheidet sich vom Breitblättrigen Rübling auffallend durch die schleimige Huthaut und den langwurzelnden Stiel.

Rehbrauner Dachpilz
Der Hut erreicht eine Größe von 50 bis 100 mm, ist im Jugendstadium glockenförmig, später ausgebeult, schließlich waagerecht ausgebreitet, grau oder graubraun, glänzend und bei Trockenheit rissig. Die Lamellen stehen sehr dicht, sie sind hoch, vom Stiel abgesetzt, in der Jugend weißlich, später rosa. Der Stiel ist zylindrisch, voll, weißlich, dunkel längsgestreift und ausbrechbar. Das Fleisch ist weißlich, wässerig, unveränderlich, brüchig und schmeckt mild nach Kartoffeln. Der Dachpilz tritt allgemein von Mai bis November auf modernden Stämmen und den Baumstümpfen von Laubgehölzen auf. Dieser Pilz ist eßbar, aber nicht besonders schmackhaft. Er unterscheidet sich vom Breitblättrigen Rübling durch die dichtstehenden rosafarbenen Lamellen.

Wurzelrübling

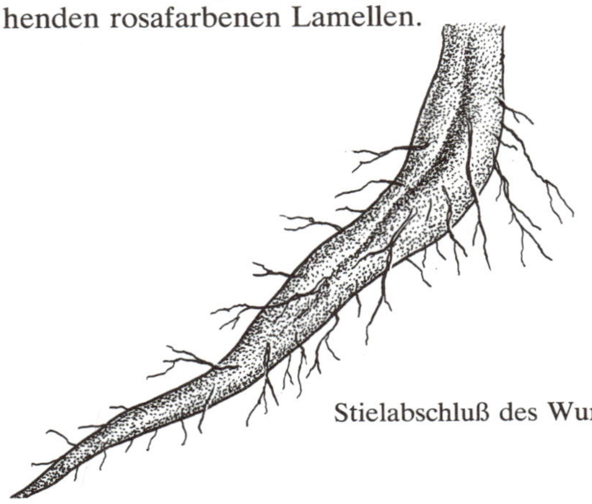

Stielabschluß des Wurzelrüblings

Rehbrauner Dachpilz

☠ Zottiger, Wolliger oder Bärtiger Ritterling

Tricholoma vaccinum (Pers. ex Fr.) Kumm.

Der Hut hat einen Durchmesser von 30 bis 80 mm, er ist anfangs kugelförmig glockig, später ausgebreitet und mit einem deutlichen Buckel versehen, dünnfleischig, auf der gesamten Oberfläche mit faserigen, abstehenden Schuppen bedeckt, lange mit eingerolltem Rand, beständig rostfarben zottig, rotbraun oder rostig rot. Die Lamellen stehen entfernt, sie sind hoch, am Stiel ausgeschnitten, anfangs schmutzigweiß, später rötlich und braun gefleckt. Der Stiel ist zylindrisch, unten ein wenig bauchig, gewöhnlich hohl, verhältnismäßig kurz, rotbraun, unter dem Hut weißlich und flockig, sonst faserig geschuppt. Im Jugendstadium ist der Hutrand mit dem Stiel durch einen faserigen Schleier verbunden, der jedoch bald verschwindet. Das Fleisch ist weißlich, später ein wenig rostfarben, unveränderlich, riecht erdig und schmeckt bitter bis unangenehm säuerlich bitter. Der Pilz wächst von Juli bis Oktober in Nadelwäldern, vor allem in jüngeren Fichtenbeständen. Er gehört zu den häufigsten mitteleuropäischen Ritterlingen und kommt auf kalkigen Unterlagen in großen Gruppen vor. Er eignet sich nicht für die Zubereitung in der Küche, da er Verdauungsbeschwerden mit Durchfällen und Erbrechen hervorruft.

Schnitt durch den Fruchtkörper des Zottigen Ritterlings

Feinschuppiger Ritterling

Tricholoma imbricatum (Fr. ex. Fr.) Kumm.

Der Hut hat einen Durchmesser von 40 bis 100 mm. Er ist jung stumpf kegelförmig, später mit einem niedrigen Buckel ausgebreitet, dünnfleischig, rotbraun bis hellkastanienbraun, im Jugendstadium glattfaserig oder fast glatt, später zartfaserig geschuppt mit kahlem Scheitel und Rand, immer trocken, jung am Rand eingeschlagen, später scharfrandig. Die Lamellen stehen recht eng, sie sind hoch, jung weißlich, an Druckstellen braun verfärbend, an der Schneide nicht gerade, am Stiel abgerundet. Der Stiel ist zylindrisch, fest, voll, oben weißlich, sonst rotbraun faserig, schleierlos. Das Fruchtfleisch ist weiß, im Stiel bräunlich, es schmeckt und riecht nicht charakteristisch, manchmal schwach bitter. Dieser Ritterling wächst nicht sehr häufig von August bis Oktober in Nadelwäldern, vor allem in jungen, grasbewachsenen Kiefernbeständen auf Sandböden, dort tritt er dann in großen Gruppen auf. Er ist eßbar und eignet sich besonders zu Mischgerichten. Vom Zottigen Ritterling unterscheidet er sich durch den Hut, der nur feinfaserig geschuppt und nur im Jugendstadium eingeschlagen (nicht eingerollt) ist, und durch den schleierlosen Stiel. Auch der Standort ist verschieden. Der Zottige Ritterling bevorzugt eher junge, feuchte Fichtengehölze.

Schnitt durch den Feinschuppigen Ritterling

Getropfter Ritterling

Tricholoma pessundatum (Fr.) Quél.

Der Hut ist 60 bis 120 mm breit, in der Jugend fast halbkugelig, später gewölbt bis flach ausgebreitet, oft unregelmäßig durchgebogen, rot- bis kastanienbraun, am Rand heller, glatt, kahl, bei Feuchtigkeit klebrig; der Hutrand ist beim Jungpilz eingerollt, im Alter gerade. Die Lamellen sind recht dicht und breit, am Stiel tief ausgeschnitten bis fast frei, weiß, später hell bräunlich bis rostig mit rostigroten Flecken. Der Stiel ist 40 bis 70 mm lang, 15 bis 30 mm breit, stämmig, in der Jugend oft fast knollig, später ein wenig gestreckt, zylindrisch, oft gekrümmt und unregelmäßig; er ist voll, fest, weißlich oder schwach bräunlich, flockig borstig, später kahl, oben mehlig bereift. Das Fleisch ist kompakt, faserig, weiß und verfärbt sich schwach roströtlich. Es riecht unauffällig nach frischem Mehl und schmeckt leicht säuerlich und stark mehlig, jedoch nicht bitter. Der Pilz wächst verhältnismäßig selten von August bis Oktober in Fichten- und Kieferngehölzen, meistens einzeln, manchmal auch in kleinen Gruppen. Er ist mäßig giftig und ruft recht hartnäckige Beschwerden hervor, die von Erbrechen und Durchfällen begleitet werden.

Junger Fruchtkörper des Getropften Ritterlings

Ritterpilze – *Tricholomataceae*

Pappelritterling

Tricholoma populinum J. Lange

Täublinge – *Russulaceae*

Wieseltäubling

Russula mustelina Fr.

Pappelritterling
Die eingehende Beschreibung befindet sich auf Seite 129. Der Pappelritterling wächst von August bis Oktober von den Niederungen bis in die Vorgebirge unter Pappeln in Wäldern, Hainen, Gärten und Alleen. Vom Getropften Ritterling unterscheidet er sich durch den Standort. Der Pappelritterling wächst nie in Nadelwäldern.

Wieseltäubling
Der Hut ist 50 bis 150 mm breit, in der Jugend halbkugelig, später buckelig bis flach, eingedrückt, haselnuß- bis kastanienbraun, matt, trokken, mit schwer abschälbarer Huthaut. Die Lamellen sind engstehend, weiß, später sahnefarben, an der Schneide braunfleckig. Der Stiel ist zylindrisch, in der Jugend weiß und voll, im Alter rostfarben fleckig und wattig gestopft. Das Fleisch ist weiß, unter der Huthaut bräunlich, an Druckstellen und im Alter ein wenig verfärbend, ohne besonderen Geruch, sehr angenehm und nußartig schmackhaft. Der Pilz wächst von Juli bis Oktober in den Fichtengehölzen der Vorgebirge, ist stellenweise zahlreich, fehlt anderenorts aber völlig. Dank seines hervorragenden Geschmacks und der festen Konsistenz des Fruchtfleisches ist er begehrt und eignet sich für die verschiedensten Zubereitungsarten. Vom Getropften Ritterling unterscheidet er sich dadurch, daß seine Lamellen am Stiel nicht mit einem Zahn ausgeschnitten sind. Wenn man den Stiel anritzt, kann man keine Fruchtfleischfasern hervorziehen.

Pappelritterling

Wieseltäubling

Junger Fruchtkörper des Pappelritterlings

☠ Spitzkegeliger Kahlkopf

Schuppenpilze – *Strophariaceae*

Psilocybe semilanceata (Fr.) Quél.

Der Hut ist 15 mm hoch und 5 bis 9 mm breit, olivgraubraun, gelbbraun oder grünlich gelb, ständig kegelförmig, oben immer mit hervortretendem spitzem Buckel, schlüpfrig, kahl, fein gerieft, häutig, der Rand ist zum Stiel gebogen. Die Lamellen sind olivgrau, im Alter schwarzbraun, mitteldicht, hervortretend, an der Schneide heller. Der Stiel ist sehr lang, wellig durchgebogen, unzerbrechlich, dünn, hellbraun oder ockerfarben. Das Fruchtfleisch ist sehr dünn, spröde, hellocker, schmeckt leicht nach Rettich und riecht nicht besonders. Der Kahlkopf wächst selten von August bis Oktober im Gras auf Weiden, Rainen, grasbewachsenen Wegen und Waldrändern von den Niederungen bis ins Gebirge. Dort, wo die Wachstumbedingungen günstig sind, findet man immer ganze Haufen von Fruchtkörpern. Sie wachsen einzeln, nicht büschelweise. Dieser Pilz ist mäßig giftig. Er gehört zu den halluzinogenen Arten, und seine Wirkung auf den menschlichen Organismus ist noch nicht vollkommen geklärt. Die Vergiftung macht sich auf verschiedene Weise bemerkbar. Sie verursacht Euphorie, Sehstörungen mit Halluzinationen u. ä., oder aber Beklemmungen, Angst und Schreckensvisionen, die bis zum Delirium und zu Selbstmordversuchen führen können.

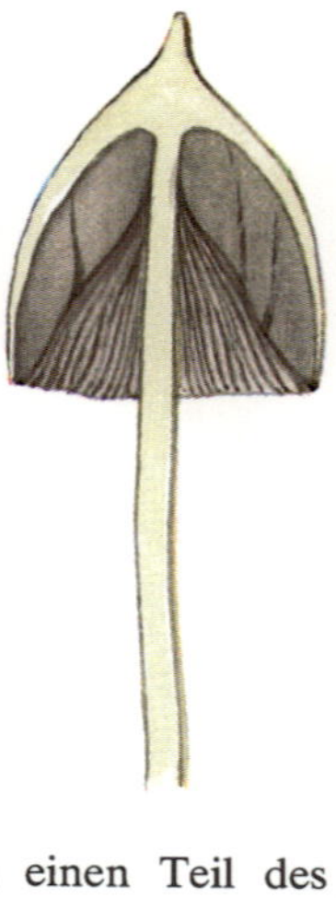

Schnitt durch einen Teil des Fruchtkörpers des Spitzkegeligen Kahlkopfs

Nelkenschwindling, Feldschwindling

Marasmius oreades (Bolt. ex Fr.) Fr.

Ritterpilze – *Tricholomataceae*

Rosablättriger Helmling

Mycena galericulata (Scop. ex Fr.) S. F. Gray

Nelkenschwindling
Die ausführliche Beschreibung befindet sich auf den Seiten 69 und 125. Der Nelkenschwindling wächst von Mai bis Oktober an grasigen Stellen, auf Feldrainen und in Gärten von den Niederungen bis in die Berge. Er ist ein ausgezeichneter Speisepilz und besonders für Suppen geeignet. Nur die Hüte werden gesammelt. Vom Spitzkegeligen Kahlkopf unterscheidet er sich durch die entferntstehenden Lamellen, den elastischen Stiel und den Bittermandelgeruch des Fruchtfleisches.

Rosablättriger Helmling
Der Hut der Jungpilze ist kegelförmig oder glockig, später gewölbt bis flach ausgebreitet, 15 bis 40 mm breit, grauweiß oder graubraun, in der Mitte dunkler, radial gerunzelt und dünnfleischig. Die Lamellen stehen entfernt, laufen mit einem Zähnchen am Stiel herab, sind anfangs weißlich und im Alter rosa. Der Stiel ist zylindrisch, dünn, kahl, glatt, glänzend, zäh, graugelb oder heller, oft tief wurzelnd. Das Fruchtfleisch ist wässerig, gräulich, unveränderlich, schmeckt und riecht gurkig mehlig. Der Pilz wächst häufig von Mai bis November auf Baumstümpfen und den im Boden verborgenen Wurzeln von Laubbäumen. Er tritt einzeln, häufiger aber in Büscheln auf. Dieser gute Speisepilz ist in der Küche vielseitig verwendbar, gesammelt werden nur die Hüte. Vom Spitzkegeligen Kahlkopf unterscheidet er sich durch den zähen Stiel und dadurch, daß er auf Holz wächst.

Nelkenschwindling

Rosablättriger Helmling

Schnitt durch den Nelkenschwindling

☠ Blättertrichterling, Bleiweißer Trichterling

Clitocybe phyllophila (Fr.) Kumm.

Der Hut hat einen Durchmesser von 40 bis 60 mm, ist in der Jugend niedrig gewölbt, später flach ausgebreitet, ein wenig vertieft, anfangs weiß bereift, kahl werdend, bei Trockenheit weiß, bei Feuchtigkeit wässerig bräunlich mit am Rande durchscheinenden Lamellen. Die Lamellen sind dicht, niedrig, kurz am Stiel herablaufend, in der Jugend weiß, im Alter vergilbt. Der Stiel ist dünn, elastisch, gewöhnlich gedrückt, hohl, unten filzig umhüllt, weiß bis wässerig bräunlich, weißfaserig. Das Fleisch ist dünn, weißlich, riecht schwach nach Obst und Anis und schmeckt angenehm mild nach Pilzen. Der Pilz wächst von August bis Oktober in Laub-, Nadel- und Mischwäldern in Gruppen und bildet ganze Ringe oder Streifen. Er tritt in trockneren und wärmeren Gebieten recht häufig mit anderen weißen Trichterlingen auf. Die systematische Einordnung des Blättertrichterlings liegt bisher nicht völlig fest. Beim Studium des Wachstums von Reinkulturen hat es sich zum Beispiel gezeigt, daß der Nadeltrichterling (*Clitocybe pythiophila* /Secr./ Gill.) mit dem Blättertrichterling identisch ist. Der Blättertrichterling gehört zu den stark giftigen weißen Trichterlingen mit verhältnismäßig hohem Gehalt an Muskarin. Er kann die gleichen Vergiftungen verursachen wie der Feldtrichterling oder der Firnistrichterling (Verlauf der Vergiftungen siehe Seite 152). Zur Vergiftung kommt es meistens durch die Verwechslung mit dem Mehlpilz. Da die Unterscheidung mit dem bloßen Auge schwierig ist, sollten keine Pilze gesammelt werden, die den hellen Trichterlingen ähneln.

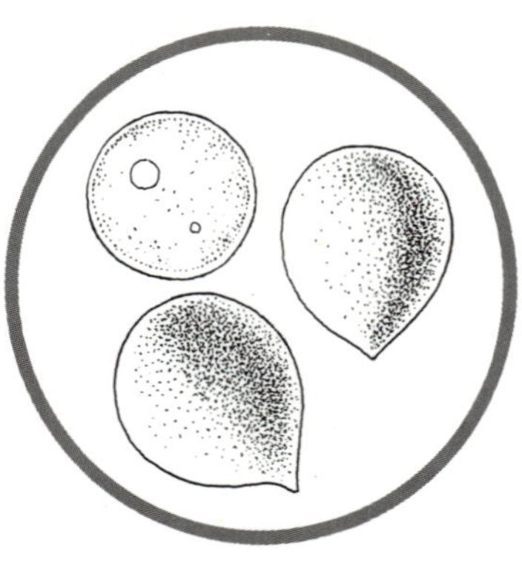

Der Blättertrichterling hat glatte, farblose, eiförmige Sporen

☠ Feldtrichterling

Clitocybe dealbata (Sow. ex Fr.) Kumm.

Der Hut ist 25 bis 40 mm breit, in der Jugend niedrig gewölbt mit eingerolltem Rand, im Alter flach ausgebreitet und ein wenig vertieft; bei Feuchtigkeit ist er schmierig, bei Trockenheit glänzend, seidig, in der Jugend wie bereift, weiß bis blaßgelblich oder gräulich, im Alter aufgeplatzt. Die Lamellen stehen dicht, sind kurz herablaufend, schmutzig weißlich, laufen im Alter stärker am Stiel herab. Der Stiel ist zylindrisch, kurz, dünn, gerade, rundlich oder gedrückt, faserig, voll, weißlich und im Alter gräulich bis rosafarben. Das Fleisch ist dünn, weiß, im Stiel rosa, riecht nach frischem Holz und schmeckt süßlich bis ausdruckslos. Der Feldtrichterling wächst von August bis Oktober im Gras auf Wiesen, in lichten Wäldern, auf Weiden, auf grasbewachsenen Wegen, in Parks, Gärten, auf Schuttplätzen und auch in den sandigen Steppen warmer Gebiete. Er tritt verhältnismäßig wenig auf und ist in manchen Gegenden selten. Er gehört zu den stark giftigen Pilzen mit einem hohen Gehalt an Muskarin. Es sind auch tödliche Vergiftungen mit diesem Pilz bekannt. Er wird leicht mit dem Mehlpilz oder dem Nelkenschwindling verwechselt. Der Verlauf der Vergiftung ist beim verwandten Bleiweißen Firnistrichterling beschrieben (auf Seite 152). Der Feldtrichterling enthält jedoch mehr Muskarin und ist deshalb gefährlicher.

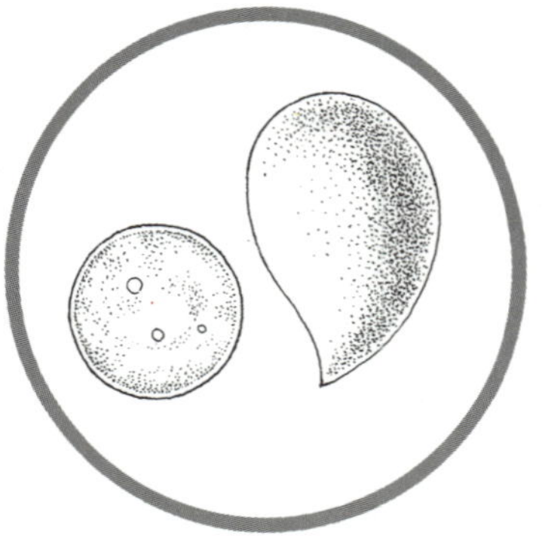

Der Feldtrichterling hat eiförmige, kurze, glatte, Sporen, die eine Größe von 4,5–6 × 2,5–5 μm erreichen und farblos sind

Mehlpilz, Mehlräsling, Pflaumenpilz

Clitopilus prunulus (Scop. ex Fr.) Kumm.

Die ausführliche Beschreibung befindet sich auf Seite 153. Der Mehlpilz wächst von den Niederungen bis in die Berge überall dort, wo echte Steinpilze wachsen. Er wird volkstümlich auch Steinpilzmelder genannt. Die Unterscheidung vom Feldtrichterling ist manchmal recht schwierig und erfordert längere Praxis. Am zuverlässigsten ist die mikroskopische Untersuchung der Sporen; die Sporen des Mehlpilzes sind rosa, spindelförmig und mit Längsrippen versehen, die des Feldtrichterlings sind eiförmig, kurz, glatt und farblos.

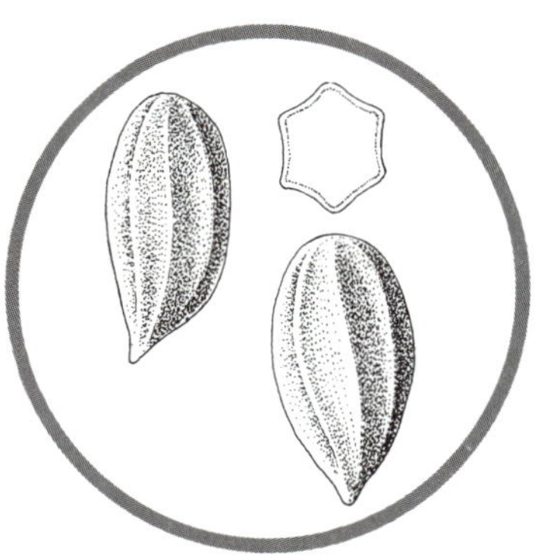

Der Mehlpilz hat rosafarbene, spindelförmige Sporen, die sechs Längsrippen aufweisen

☠ Hallimasch

Armillaria mellea (Vahl. ex Fr.) Karst

Der Hut hat einen Durchmesser von 30 bis 110 mm, ist in der Jugend halbkugelförmig, später gewölbt und mit einem Buckel versehen, im Alter flach ausgebreitet, hellhoniggelb, gelbocker, gelbgrün oder rostbraun bis braun, mit dunkleren, anfangs abstehenden, später angedrückten Schuppen. Die Lamellen stehen mittelmäßig eng, sie sind dünn, laufen mit einem Zipfel am Stiel herab, sind anfangs weißlich, später gelblich oder ockerfarben, dunkler gefleckt, im Alter von den Sporen bestäubt weiß. Der Stiel ist zylindrisch, gerade oder gebogen, lang, zäh, gelblich oder bräunlich oder feinfaserig gestreift bis flockig, innen wattig gestopft. Beim Jungpilz ist er mit dem Hutrand durch einen weißlichen, wattig flockigen Schleier verbunden, von dem im Alter nur ein weißlicher wattiger Ring zurückbleibt. Das Fleisch ist weißlich, unveränderlich, im Hut weich, im Stiel faserig, riecht nicht markant mild pilzig und schmeckt unangenehm, bitterherb zusammenziehend. Der Hallimasch tritt von August bis Oktober häufig in Büscheln auf abgestorbenen und lebenden Stämmen von Laub- und Nadelhölzern, auf Stümpfen, Wurzeln und Sämlingen auf. Er gehört zu den schwach giftigen oder bedingt eßbaren Pilzen und kann, wenn er nicht ausreichend mit Wärme behandelt oder roh verzehrt wird, schwächere Vergiftungen mit Magenbeschwerden, Durchfällen und Erbrechen hervorrufen. Trotzdem wird er gern gesammelt, in Essig eingelegt oder Suppen und Gulasch zugegeben. Er muß jedoch wenigstens 20 Minuten gekocht werden.

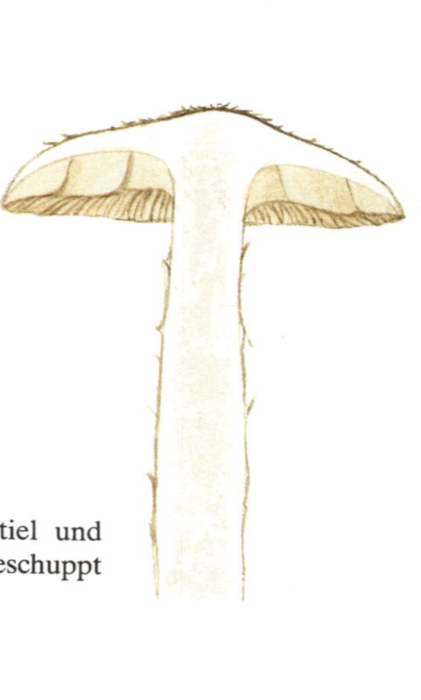

Der Hallimasch hat hellere Lamellen. Stiel und Hutoberfläche sind niemals so markant geschuppt wie beim Sparrigen Schüppling

Sparriger Schüppling

Pholiota squarrosa (Pers. ex Fr.) Kumm.

Der Hut hat einen Durchmesser von 30 bis 100 mm, ist in der Jugend halbkugelförmig mit eingerolltem Rand, später ausgebreitet bis flach, zitronen- bis ockergelb, mit nach oben gebogenen, rostbraunen Schuppen bedeckt, trocken. Die Lamellen stehen recht eng, sie sind dünn, am Stiel leicht ausgeschnitten und mit einem Zähnchen herablaufend, olivgelblich, später gelbbraun, im Alter rostbraun. Im Jugendstadium sind sie mit einem häutigen, gelblichen, schuppigen Schleier bedeckt, der allmählich zu einem zitronengelben oder rostfarbenen Ring wird. Der Stiel ist zylindrisch, zäh, trocken und gelblich mit bräunlichen Schuppen. Das Fleisch ist gelblich, an der Stielbasis rostfarben, unveränderlich, schmeckt zusammenziehend herb und riecht schwach erdig. Der Schüppling wächst von August bis Oktober in dichten Büscheln an der Basis absterbender Laub- und Nadelbäume. Er bevorzugt Laubgehölze. Von diesem guten Speisepilz werden nur die jungen Fruchtkörper gesammelt. Vom Hallimasch unterscheidet er sich durch den dunkel gefärbten Sporenstaub und die markanten Schuppen.

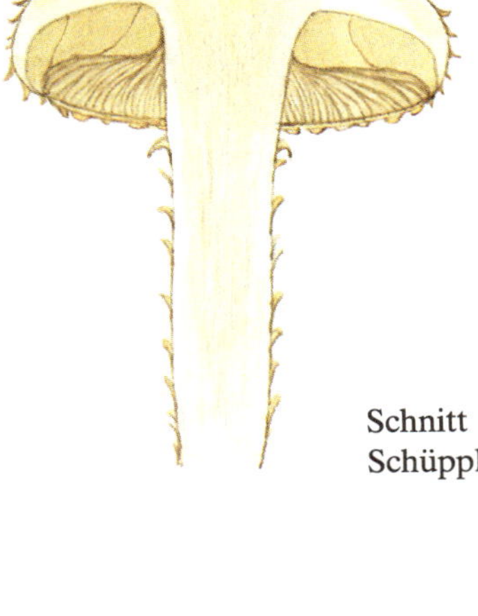

Schnitt durch den Fruchtkörper des Sparrigen Schüpplings

Blauender Kahlkopf

Psilocybe mairei Sing.

Der Hut hat einen Durchmesser von 20 bis 30 mm, ist anfangs breit kegelförmig, später stärker ausgebreitet und mit einem kegelförmigen stumpfen Buckel versehen; er ist trüb ockerfarben, hellbraun oder angegraut und olivgetönt, stark hygrophan, bei Trockenheit hellgraubraun, bei älteren oder gedrückten Fruchtkörpern mit blaugrünen Tönen, kahl, feucht oder ein wenig schmierig, mit nicht abziehbarer Oberhaut. Am Hutrand befinden sich manchmal häutige, weiße Schleierreste mit durchscheinenden Lamellen. Die Lamellen sind schmutziggrau bis ocker, nach der Sporenreife eher rostfarben, hoch, durch einen kleinen Zahn mit dem Stiel verbunden, bauchig abgerundet, an Schadstellen blaugrün verfärbend. Der Stiel ist röhrenartig, hohl, meistens wellig gekrümmt, an der Basis gewöhnlich durch ein wattiges Myzel mit dem Substrat verbunden, bräunlichweiß oder wässerig schmutzig weißlich, seidig glänzend, im Alter in der unteren Hälfte schmutzig grünblau verfärbend, im oberen Drittel fein bereift. Das Fleisch ist im Hut sehr dünn, gelblich, im Stiel blaßgraublau, es schmeckt nach Rettich und riecht nicht sonderlich ausgeprägt mehlig. Der Pilz wächst von Oktober bis Dezember aus Holzresten unter Erlen, Weiden und Hainbuchen, meistens in der Nähe kleiner Bäche oder an anderen feuchten Stellen. Er wächst auch aus den Resten von Nadelbäumen oder aus bearbeitetem Holz hervor. Dieser schwach giftige Pilz enthält Psilocybin, das halluzinogen wirkt. Der Kranke leidet an Beklemmungen und Angst mit Schreckensvisionen, die bis zum Delirium und zu Selbstmordversuchen führen können.

Schnitt durch den Fruchtkörper des Blauenden Kahlkopfs

Schuppenpilze – *Strophariaceae* **Rauchblättriger** oder **Milder Schwefelkopf**

Hypholoma capnoides (Fr. ex Fr.) Kumm.

Ritterpilze – *Tricholomataceae*

Nelkenschwindling, Feldschwindling

Marasmius oreades (Bolt ex Fr.) Fr.

Rauchblättriger Schwefelkopf
Die eingehende Beschreibung befindet sich auf Seite 75. Der Rauchblättrige Schwefelkopf wächst vor allem im späten Herbst in ganzen Büscheln auf Baumstümpfen und toten Wurzeln, in Nadelwäldern von den Niederungen bis hoch in die Gebirge (ab und zu erscheint er auch im Frühling). Dieser gute Speisepilz eignet sich vor allem für Suppen und Saucen. Im Gegensatz zum Blauenden Kahlkopf weisen ältere oder gedrückte Fruchtkörper keine blaugrünen Flekken auf.

Nelkenschwindling
Der Nelkenschwindling ist auf den Seiten 69 und 125 ausführlich beschrieben. Er wächst von Mai bis Oktober an grasigen Stellen im Wald, in Gärten und an Rainen. Dieser ausgezeichnete Speisepilz eignet sich vor allem für Suppen (man sammelt nur Hüte). Er unterscheidet sich vom Blauenden Kahlkopf durch den elastischen und unzerbrechlichen Stiel, die lockerer stehenden Lamellen und die Färbung (der Nelkenschwindling weist niemals grünblaue Flecken auf) und dadurch, daß er nie auf Holz wächst.

Rauchblättriger Schwefelkopf

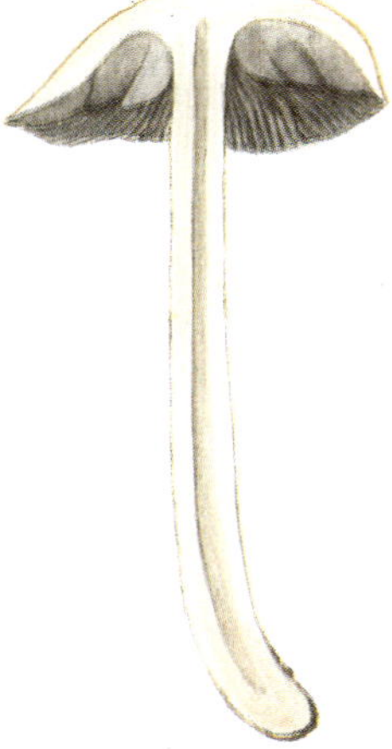

Schnitt durch den Rauchblättrigen Schwefelkopf

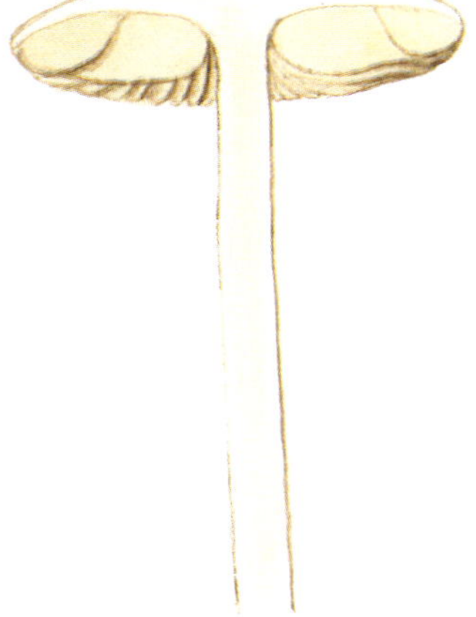

Schnitt durch den Nelkenschwindling

Nelkenschwindling

Register der deutschen Namen

Register der lateinischen Namen